くつなりょうすけ

技術評論社

はじめに

2013年に『Linuxシステム［実践］入門』（技術評論社刊）を出版しました。それは、Linuxをインストールし終わった人が、Linuxシステムにどう向き合うかを示した実験的な書籍です。それに加えてもう1つ、実験的に数点のマンガを挿入していました。

そのマンガが当時のSoftwareDesign編集長である池本さんの目に留まり、「SDでマンガ連載しませんか？」と、X（当時「Twitter」）でお誘いを受けることになります。

「私のマンガが、マンガ誌じゃなくて技術誌の編集の目に留まってしまった。これはチャンスなのか？この誘いは……もしかして釣りか？」と疑いました。

実は中学生の時にマンガ家の夢を持ち、某雑誌の佳作に入って1ページだけ紹介された程度の経験はありましたが、その夢はとうに捨てた私。「釣られ上等」と覚悟し返信したらその後、本当に連載が始まってしまいました。

日進月歩のIT業界でマンガの連載、しがないインフラエンジニアの私に何ができるのか。

読者を楽しませることができるだろうか。連載を続けるなんてできるだろうか。不安になりましたが、「怒られたら連載終了すればいい。それまでは好き勝手やろう」でした。Linuxを扱った1ページのギャグマンガにすることを決めます。

そして10年の間、描きたいことばかり自由に描かせてもらいました。

おかげさまで、特にネットでの炎上に繋がるようなことにならず、苦情の投書が来ることもなかったようです。そして、この単行本ができました。

この本で、皆様のLinuxライフがさらなる充実したものになることが私の願いですが、保証するものではありません。ご了承ください。

2024 年 10 月
くつなりょうすけ

もくじ

はじめに ii

第1章 天地開闢 てんちかいびゃく 2014年 001

- 第1回 OMM killer 002
- 第2回 さてはコマンド使いだな！ 004
- 第3回 幸せを運ぶコマンド 006
- 第4回 ハリセンポリマーひしがた先輩 008
- 第5回 モヒカン先輩 010
- 第6回 ターミナルマルチプレクサの落とし穴 012
- 第7回 コマンドヒストリに時を刻め 014
- 第8回 ejectコマンド 016
- 第9回 パスワード管理 018
- 第10回 コマンド古今東西 020
- 第11回 cronの罠 022

第2章 生生流転 2015年 … 029

- 第12回　連載1周年記念！ Linux業界振り返り … 024
- 2015年1月号特別付録　ITエンジニア出世双六 … 026
- 特別挿絵　ITエンジニアの日常① … 028

- 第13回　瞬(まばた)きもせずに … 030
- 第14回　地球(ちたま)危機一髪 … 032
- 第15回　「いつかはオレも老害」「子供に使われないために」 … 034
- 第16回　新人教育もてぇへんだぁ … 036
- 第17回　断捨離無情 … 038
- 第18回　デラシネ君 … 040
- 第19回　ライフログ … 042
- 第20回　妖怪のせいなのね … 044
- 第21回　流れゆく業界 … 046
- 第22回　オプションの魅力 … 048
- 第23回　数字が見える！ … 050

▼ 新年特別企画 UnixWizard専門学校［円環の理］編　　052

第3章 春風駘蕩 2016年　　055

▼ 第24回 エリート語　　056
▼ 第25回 ホカン　　058
▼ 第26回 シグ松さん　　060
▼ 第27回 宮田さん　　062
▼ 第28回 ⚿はやっぱり　　064
▼ 第29回 デフォルト至上主義　　066
▼ 第30回 圧縮ファイルあれこれ　　068
▼ 第31回 モジュールを読み込むように進化したい　　070
▼ 第32回 大容量サイズのディレクトリを分割する　　072
▼ 第33回 犯人は誰だ!?　　074
▼ 第34回 天国と地獄　　076

第4章

蕩佚簡易

2017年

第35回	初悪夢	080
第36回	コマンド名の由来	080
第37回	ラッキーナンバー？	082
第38回	ねんどまつ	084
第39回	黒い画面は仕事中？	086
第40回	困ったとき	088
第41回	2段階認証	090
第42回	新人配属キタコレ	092
第43回	キーワードは"宿題"	094
第44回	りなてえぴっく（Linux Team EPIC）	096
第45回	wall de talk	098
第46回	ほしいデーモン	100
特別挿絵	ITエンジニアの日常②	102
		104

079

ひみつのLinux通信　vi

第5章 慎始敬終（しんしけいしゅう） 2018年

105

- 第47回 スマートスピーカーでコマンド入力 ... 106
- 第48回 年度末症候群 ... 108
- 第49回 もしかしていれかw ... 110
- 第50回 ロボットと私―成り上がれIT業界！ ... 112
- 没ネタ復活！[その1] フォネティックコード ... 115
- 第51回 転生したらプロセスになってた ... 116
- 第52回 転生したらキーになってた ... 118
- 第53回 仕事のBGMは何ですか？ ... 120
- 第54回 バックグラウンド ... 122
- 第55回 次世代コミュニケーションツール ... 124
- 第56回 ゴミ箱 ... 126
- 第57回 1分が待てない ... 128
- 第58回 定期検診大事！絶対！ ... 130
- 第59回 Dateワープ～タイムマシンにお願い～ ... 132

第6章 安居楽業 2019年

没ネタ復活！［その2］ PC組立職人	
第60回 気軽にポイっ	135
第61回 対決！プログラミング少年団！	136
第62回 パーミッション！	138
第63回 分析新人！	140
第64回 リモートで実行させて	142
特別挿絵 ITエンジニアの日常③	144
	146

第65回 悟りました	147
第66回 ［5なんとか	148
第67回 妖怪なにもしてないのに	150
第68回 後ろに誰か	152
第69回 一長一短	154
第70回 スリープラーニング	156
第71回 man曼荼羅	158
	160

ひみつのLinux通信　*viii*

第7章 泰然自若 2020年

- 第72回 HDDの処分 …… 164
- 第73回 クラウド嫌いおじさん …… 166
- 第74回 新人研修 …… 168
- 第75回 Webミーティング …… 170
- 第76回 SSHを使えない人がいてね …… 172
- 第77回 叩けば直る …… 174
- 第78回 20年後 …… 176
- 第79回 verboseモード …… 178
- 第80回 クイズの時間 …… 180
- 第81回 アントニオ …… 182
- 第82回 年末行事 …… 184
- 第83回 名探偵菱形 …… 186

163

第8章 豪放磊落 2021年

ごう ほう らい らく

- ▼ 第84回 筋トレ
- ▼ 第85回 違いのわかる人
- ▼ 第86回 リクエスト
- ▼ 第87回 Linuxゲーム
- ▼ 第88回 気になるあいつ
- ▼ 第89回 姿勢
- ▼ 第90回 ほめて伸ばす
- ▼ 第91回 Linuxはともだち
- ▼ 第92回 IT戦士
- ▼ 第93回 リソース確保早すぎぃぃぃ
- ▼ 第94回 コピペ人間
- ▼ 第95回 ゾンビだけ溢れた世界で俺だけ Enter を押せない

212 210 208 206 204 202 200 198 196 194 192 190　189

ひみつのLinux通信　x

第 9 章 魑魅魍魎（ちみもうりょう）2022年

第96回	ゴルゴB	216
第97回	100日後にカーネルパニックするLinux	218
第98回	リモートワーク警察	220
第99回	障害訓練	222
第100回	SDGsの真実	224
没ネタ復活！［その3］ 未来の入力デバイス	227
第101回	エクセル無情	228
第102回	エレガント	230
第103回	つながらない	232
第104回	エラー処理	234
第105回	陰謀論	236
第106回	現地へゴー	238
第107回	オヤツ駆動解決	240
没ネタ復活！［その4］ USB紛失対策	243
第108回	酔拳	244
第109回	AIテキスト自動生成	246

▼ 特別挿絵　ITエンジニアの日常④ ……… 248

第10章　疾風怒涛（しっぷうどとう）　2023年 ……… 249

▼ 第110回　パッケージ管理 ……… 250
▼ 第111回　選択 ……… 252
▼ 第112回　童話 ……… 254
▼ 第113回　**キング ……… 256
▼ 第114回　コマンド名が長い ……… 258
▼ 第115回　簡単詐欺 ……… 260
▼ 第116回　アイドル ……… 262
▼ 第117回　なぞなぞ ……… 264
▼ 第118回　大丈夫 ……… 266
▼ 第119回　初笑い ……… 268
▼ 没ネタ復活［その5］　問い合わせ ……… 271
▼ 第120回　Fワード ……… 272

▼ おわりに ……… 275

● 免責

本書に記載された内容は、情報の提供だけを目的としています。したがって、本書を用いた運用は、必ずお客様自身の責任と判断によって行ってください。これらの情報の運用の結果について、技術評論社および著者はいかなる責任も負いません。

本書記載の情報は、2024年10月現在のものを掲載していますので、ご利用時には、変更されている場合もあります。

また、ソフトウェアに関する記述は、特に断わりのないかぎり、2024年10月現在でのバージョンをもとにしています。ソフトウェアはバージョンアップされる場合があり、本書での説明とは機能内容や画面図などが異なってしまうこともあり得ます。本書ご購入の前に、必ずバージョン番号をご確認ください。

以上の注意事項をご承諾いただいたうえで、本書をご利用願います。これらの注意事項をお読みいただかずに、お問い合わせいただいても、技術評論社および著者は対処しかねます。あらかじめ、ご承知おきください。

● 商標、登録商標について

・本書に登場する製品名などは、一般に各社の登録商標または商標です。なお、本文中に™、®などのマークは特に記載しておりません。

第 1 章

2014 年

天地開闢

OMM Killer

　記念すべき「ひみつの Linux 通信」第 1 回は本当に手探り状態です。雑誌 Software Design は左からページが進みます。1 ページマンガだからとは言え、右から読む構成にしていいものか。縦に 4 コマ並べていいものか。セリフも縦書きでいいのか……。ですが、すっごく楽しく描いた記憶があります。1 回目から OOM Killer を扱うところも漢ですよね。

　本題ですが、OOM Killer は、利用可能なメモリが減り負荷がかかった状態を改善するために不要なプロセスを強制終了して利用可能メモリ領域を獲得する仕組みです。これによりシステムが完全に停止するのを防ぎます。

　この OOM Killer により、httpd が強制終了されユーザーが Web サービスにアクセスできなくなります。sshd が強制終了され、サーバにリモートログインできなくなります。

　systemd ではサービスユニットファイルの［Service］セクションで「OOMScoreAdjust=-1000」のように指定すると OOM Killer の魔の手を逃れることができます。**SD**

● 今日のコマンド

```
top
```

top でプロセスの利用リソースは把握しような！

---

to be Continued ••

　今月から「りな充」（Linux を充実して使ってる人）になるためのお得情報を提供することになりました。たぶん毒にも薬にもならない 1 ページになるでしょうが、どうぞご贔屓におねがいします。今回は、Linux サーバをメンテナンスしていると一度は襲われたことがあるであろうメモリの地上げ屋、プロセスの殺し屋 OOM killer です。こんなのが客のシステムに来られたら ……怖いですね、恐ろしいですね。この殺し屋から逃れるには /proc/**プロセス ID**/oom_score_adj に -1000 を設定します（Linux カーネル 2.6.35 以前は oom_adj に -17 を設定します）。デーモン起動した際にプロセス ID 取得して設定してもいいですし、OpenSSH など各自調整をしてくれるソフトウェアもあります。改めて自分の管理するサーバのプロセスを見なおしてみましょう。

さてはコマンド使いだな！

　無限にある Linux コマンドをネタに利用して楽してご飯を食べられるようにならないかなー、と思った時期が私にもありました。Linux コマンドを擬人化してトレーディングカードにしたり、アニメ化したり、フィギュアになったり、ガチャガチャで買えるようになったりとか……。こういうのも「フリーライダー」（対価を支払わず利益を得るただ乗りする人）になるのかな？──と思って止めました。

　とりあえずみんな大好き「ジョジョの奇妙な冒険」でパロディして様子を見るか、と連載 2 回目ですでに冒険に走ってます。1 ページ描いただけで擬人化の才能がなさすぎることがわかりましたとさ。私は「フリーライダー」に堕ちることは避けられたようです。

　めでたし、めでたし。……ん？　二次創作がヘタクソなだけかもですね。

　本題ですが……これは 2 回目から黒歴史作ったな、と反省してます。**SD**

● 今日のコマンド

```
free
```

今日のあなたのラッキーコマンドは free。メモリ利用容量とか調べちゃえ♪。

to be Continued ....

　Linux をどうやったら楽しく使えるかを考えると、使い始めた人にとって最初の障壁はやっぱりコマンドラインだと思うんですよ。そのまま考察を深めるとコマンドを覚えられないんじゃないかと。そこで、みんな大好き『ジョジョの奇妙な冒険』なんかで遊んでみるといいんじゃないかと提案します。コマンドも「能力」で覚えれば記憶に残るはず。「お前、新手のコマンド使いか！」って職場で話題になれば「この人はコマンドラインが使える人」って扱いにグレードアップ！──なワケないか……。

幸せを呼ぶコマンド

実は「ドラえもん」が大好きなんですね。

え？　存じあげてます？　まさかまさか、人生で親に初めて「買ってほしい」と言ったおもちゃが「ドラえもん」だったということもご存じだったんですか？　ああ、知らないですよね。そうですよね。

このマンガでは、私が勝手に敬意を込めて「ドラえもん」みたいなキャラクタがよく出てきます。このペンギンもそうです。4コマ目なんて、四次元ガマグチとか言ってますからね。

ちなみに、3と4コマは「ドラえもん」に実際にあるコマのオマージュです。

本題ですが、「Linux で rm -rf /　やっちゃったー」って SNS に投げてる人がたまにいます。GNU/LInux システムに収録されている rm コマンドは「--no-preserve-root」オプションがないと「/」も含めて全部削除することはないんですよね。結構重要なファイルは消えるんですけどね……。

「Linux コマンドの本」を執筆したのでそういう微妙な雑学も入ってしまいます。なので、こういう投稿をしている人には「中途半端なネタ投稿お疲れ様です！」と思うようになってしまいました。 **SD**

● 今日のコマンド

```
rm
```

rm の実行は計画的に。コマンド実行の重さを教えてくれますね。

◁ *to be Continued* ••

　/から消したらどうなるんだろう、という好奇心は大切だと思います。他人に迷惑かけない程度でその探求心を満たしてほしいものです。仮想環境も手軽に用意できる昨今はこのような行為も手軽に試せていいのですが、それが重要な開発環境だったり、ファイル共有マウントしてると大惨事になります。「素振り」はしっかりしましょう。

ハリセンポリマーひしがた先輩

　本書ではキャラクタで名前がついてるのは、実は「先輩」と呼ばれる人だけです。キャラに対する愛はあるのですが、別に名前つけるほどでもない程度だったので……。いやいや、そんな薄情な話ではないのですが、名前を考えると新キャラを出すたびに名前を考えなきゃいけないし、覚えとかないといけないので面倒臭かったんです。あ、薄情な話ですね。「先輩」の名前だけは描いてないだけで決まってはいたんですよね。連載後半になってしょうがなく作中に出しましたが、出さなくてもよければ最後まで描いてなかったと思います。

　本題ですが、私が新人の時にエディタの emacs パッケージに含まれる sex.6 や condom.1 マニュアルの存在をニヤニヤしながら教えてくれた K 先輩……元気かなぁ。**SD**

● 今日のコマンド

```
emacs
```

今日紹介するのは emacs です。VSCode 全盛の今ですが、emacs はカスタマイズも楽だし、拡張機能も豊富なので使い続けたいエディタです。

to be Continued

　僕も歳を喰ったんだな、と改めて思い知らされました。同僚のコマンドエイリアス設定に愕然としましたよ。もう sl コマンドを知らない若者がいるんだ、と。かつてはコマンド打ち間違えて「タイプ矯正」を潔く受けようと「sl="sl -la"」までしたのにね！　ちなみに、sex.6 は Debian 系では emacs-common パッケージに含まれています。

第5回 モヒカン先輩

2014年5月号

(注) あの当時、ちょうどペンタブで作画するのがネットで流行っていまして。

第1章 天地開闢　2014年

モヒカン先輩

　私は「キン肉マン」が大好きです。——とは言っても、「王位争奪戦」までの「ファーストキン肉マン」（って表現するのかな？）までしか読んでないんですけどね。コミックスでいうと 36 巻かな。最近の作品って、余裕で 100 巻越えていくので読者も大変ですよね。「ワンピース」とか「名探偵コナン」とか、途中で読み忘れたタイミングから読まなくなっちゃいました。そう考えると、「キン肉マン」は 36 巻で凝縮した内容だったな、と感心します。

　本題ですが、エラーメッセージをちゃんと読みましょう。当時、原理主義族を表すネットスラング「モヒカン」と、知見ある人に修正コメント投げられるネットスラング「マサカリ」がありました。エラーメッセージをちゃんと読まない人を「教育」のためマサカリ投げるモヒカンのイメージでネタを作ったのを覚えてます。

　7 コマ目の「マッスルスパーク」は決まってますね〜。（自画自賛）**SD**

● 今日のコマンド

```
tail
```

今日のお勧めコマンドは tail コマンドです。jorunalctl も使いますが tail も使いますもんね。

to be Continued ···

　エラーメッセージはあなたを救いますよ。それが英語でも大事だから絶対読みましょう。某勉強会で「insult（侮辱）」用オプションをつけてビルドし、設定ファイルを編集することで「sudo に罵られる」というネタがありまして、やってみたらこれが結構面白いのでオススメです。sudo 実行時のパスワードを間違えることで「Where did you learn to type ？（どこでタイピング習ったんだよ？）」とか「Are you on drugs ？（キメてんの？）」などと罵られるとちょっと快感になるかもしれませんよ。

011　Software Design Plus

ターミナルマルチプレクサの落とし穴

第1章 ▼ 天地開闢 2014年

　今の Linux のデスクトップ環境って実は結構使いやすいってこと、知らない人が多いんですよ。世界中の開発者がすっごく便利に作ってくれてるんですよ。でもサーバ用途で使うことが多いし、クラウドだと SSH でログインしかしないと CUI になっちゃいます。

　1つの CUI を1つのエディタみたいなプログラムでひとり占めしちゃうと他のツール使えなくて不便ーとか言ってる人は tmux や screen のようなターミナルマルチプレクサを使いましょう。

　本題ですが、もう本当に便利。ターミナル間で文字列のコピペができたり、ログを作ってそれを再度実行させたり。カスタマイズ心くすぐるツールなので、設定ファイル編集し始めたら3日は遊べますよ。ターミナルマルチプレクサを使わなくても F1 から F6 まで使った仮想コンソールもあるんですが、それはまた今度のネタにします。**SD**

● 今日のコマンド

```
tmux
```

今日の必須コマンドは tmux です。ここで扱わなかったら怒られちゃうよね。（誰に？）

◁ *to be Continued* ･･

　仮想端末管理ソフトを使ってますか？　見た目上、1端末に複数端末を起動できます。作業中、端末の異常終了や通信切断してもセッションのアタッチで終了前の環境が戻ります。数個の prefix キーとコマンドの組み合わせを覚えれば使えますよ。手元の tmux からリモートホストに入り、そこでも tmux を起動して「どうやって抜けよう……実行中のコマンドがあるのに……」となった場合は prefix キーを2回押し「d」すればリモートのセッションをデタッチできます。そんなこと悩んだことないですか？……そうですか。

013　Software Design Plus

コマンドヒストリに時を刻め

案件によっては監査のためにコマンド実行記録を残さないといけないことがあります。場合によっては ~/.bash_history のようなシェルの実行履歴で良い場合もありますが、厳密に記録を求められることもあります。その時は script コマンドです。

ログインしてシェルが起動、作業コマンドを実行する前に script コマンドを実行します。作業コマンドをいくつか実行し、最後に「exit」を入力するとカレントディレクトリに typescript というファイルが作成されます。この typescript に、コマンドと出力が記録されているので、実行結果もあわせて求められた使いましょう。

ターミナルの出力でプロンプトに色を付けたりしていると出力された typescript に色出力用のエスケープシーケンスが含まれて binary ファイルと扱われることがあります。適切なビューワ（cat など）で見て整形しましょう。**SD**

● 今日のコマンド

```
h
```

今日のコマンドは、シェルコマンドですが、「h」です。「hitostory」でも同じ結果になりますが、これまでの実行履歴を得ると、それを使って再実行とか、ちょっと編集して実行とかできます。コマンド実行履歴って、セキュリティ的な話が多いのですが、意外とユーザにも有効なんですよ。

to be Continued

sudo を使うと実行ユーザとコマンドがログに残るのでメンテナンス履歴として重宝しますが、sudo bash で管理者権限になると以降のコマンドがログに記録されずにシェルヒストリに記録が残ります。複数人で管理する際にそのような使い方をする人がいると困ることになります。その対策として、標準ではコマンドヒストリには記録されない実行時刻を出力する設定にすることをお勧めします。bash なら HISTTIMEFORMAT="%Y-%m-%d %H:%m:%S " などを設定すると history コマンドに実行時刻を表示する記録をします。HISTSIZE も大きくすればモアベターです。一番楽なのはメンテナが sudo でシェルを起動しないよう設定・教育することですが……。

第8回 eject コマンド

2014年8月号

（注）多忙で外出がままならない担当のやっかみ以外なんでもございません。

eject コマンド

　このネタを描いたのはたしか 2014 年ぐらい。この頃はデスクトップパソコンにもサーバにも CD ドライブ、DVD ドライブが装備されているのがまだ一般的で、OS のインストールをするのに DVD メディアが必要でした。USB メモリスティックに OS の ISO イメージを焼いてもできたのですが、インストーラの USB ドライバの有無や機種によるいろいろ面倒なことがあって「DVD 作っとけばインストールできる」という「安全神話」で作業してました。もうイマドキの人は「DVD ドライブってなんですか？」なんでしょ？

　1970 年中ごろ産まれの著者はカセットテープ、MD、3.5 インチフロッピー、CD-R、DVD、Blu-ray、DAT テープ、VHS ぐらいから触ったことがあります。5 インチフロッピーやレーザーディスクとかになると触ったことがありません。

　本題ですが、あの時は eject コマンドすると物理的にトレイが排出されたけど、今は USB スティックや SD が排出されるわけじゃないのでなんだかわかりにくいネタになったなぁ、時代の流れって怖いなぁ、という話ですよ。**SD**

● 今日のコマンド

```
eject
```

今日のコマンドは eject です。そりゃぁ、このページで eject 以外は出せないですよ。

---

to be Continued ···

　eject コマンドは光学ドライブのトレイを排出するコマンドです。遠隔（リモート）から実行して PC 近くにいる人を驚かせることもできます。「-t」がトレイを収納するオプションなので何度でも出し入れできますよ。1U サーバに装備する薄型ドライブでは「-t」で収納できない場合があるので注意しましょう。筆者も誤って出してしまい、現場の人にトレイを収納してもらったことがあります。最近はデータを持ち帰るのも、OS インストールも USB メモリで事足りるために光学ドライブを利用する機会が減っているので eject コマンドの活躍の場も減りました。次の USB 規格で排出機能が提案されれば eject で飛び出す USB メモリを見られるかしら……。

第9回 パスワード管理

2014年9月号

(注) 結局、連載期間中に物理的なメールが来ることはありませんでした。そんなもんだよね。

パスワード管理

ITリテラシーの高さを計る目安はパスワード管理方法だと思ってます。

・同じパスワードを使いまわさない
・予想可能なパスワードを設定しない
・文字の長さは極力長くする
・多要素認証を利用する

など、いわれて何年も経ちます。著者の妻ちゃんもサイトごとにパスワードを個別に、十分な長さで作るぐらいです。(著者が押し付けたわけではありません。出来た妻です)

　パスワード生成ツールやパスワード管理ツールも充実しているので便利な世の中です。

　本当に、スマホでいろいろできるようになったのはありがたい。あの時のまま、日本はガラケーで進んでたらこのような便利さを味わえたか?——とたまに怖くなります。いや、ガラケーでできていたのかもですけど。

　本題ですが、まぁ「アイツは四天王の中でも最弱」というネタをやりたかっただけの1ページでした。**SD**

● 今日のコマンド

```
pwgen
```

今日のお役立ちコマンドはpwgenです。パスワード生成ツールです。

to be Continued

　パスワード管理って面倒くさいですよね。パスワード管理ツールを利用すると、そのツールを開くパスワード1つ覚えるだけで楽です。サービスごとに別パスワードを使うのにも便利です。ですが、世の中には各サイト別パスワードに対応可能な人が実はいて驚きます。本当に全パスワードを覚えてる人、サービス名から連想できる仮面ライダー名をつけるという人(Amazon利用時のパスワードを予想できそうですよね)。あと頭文字にサービス名「tw」とか「ggl」とか用意してその後は共通の複雑文字列を覚えるってアイデアを聞いた時は膝を叩きましたね。管理ツールを利用する場合はそのデータをどう管理するかでまた悩むんですけどね。ちなみに、この妖怪との戦い話は続きません。

コマンド古今東西

　合コンでよくやったゲーム「古今東西」。みんな覚えてる？　おっと、イマドキ古今東西なんでやりませんよ、なんて意見は要らないのだよ。要は楽しめるかどうか。だろ？

　このネタは拙著『Linux コマンドポケットリファレンス』を執筆している時に「キー配列は世界中共通のアルファベットが使われるなら片手コマンドは世界共通でみんなが楽しめるな」と、締め切りからの現実逃避に思い浮かんだゲームです。まぁ、締め切りは容赦なく来ましたし、ニッチすぎるのでゲームとして進化できませんでしたが。

　本題ですが、11 コマ目の入力を確認しながら答えを模索する様が個人的に良く心情を表してるなと思ってます。あ、全然 Linux ともコマンドも関係ないですけどね。たまに劇画調やるとすっごく心が満足するんですよ。**SD**

◉ 今日のコマンド

bc

今日のミニマムなコマンドは bc です。ほら、左手で打てる。あ、「aws」も片手で打てますね。

---

to be Continued ‥‥‥‥‥‥‥‥‥‥‥‥‥‥‥‥‥‥‥‥‥‥‥‥‥‥‥‥‥

　夜間作業・ランチ後などの睡魔とアツいバトルのお供に、Linux に用意されている数えきれないほどのコマンドを使った知的な遊びをするのはいかがでしょうか。ここでご提案する遊びの 1 つが「片手入力コマンド古今東西」でございます。コマンドを入力しまくりの読者諸氏はスラスラと出てくることでしょう。「あれ？　こういうコマンドを打ったことがあるような」と man で調べてみたら元カノと入力したコマンドで甘く切ない思い出もあわせてよみがえ……なワケないな。別の遊びで「コマンドしりとり」もあります。よーし、「a」から始めるよー。at tac cut tail lpr rev vmstat top ps strace ed df free……続きはみなさんでやってください。

cron の罠

　身を削ったネタでした。cron だと指定した日時が来たら実行されちゃう。それが毎日・毎週・毎月・毎年。at だったら基本的に一回実行したら消えるのに「実行終わったら忘れずに消そう」って cron を使っちゃう。at も cron も労力そんなに変わらないのに。

　なんで at を使わなかったんだっけ。cron も at も知ってたのに。cron のほうがファイルを置くのがダブルチェックしやすいから？　at だってファイル置いて何とかなるしな。なんでだったっけかな。ツールを採用するのも要相談です。

　本題ですが、4 コマ目は『デ○ノート』のオマージュです。こんな劇画タッチもできちゃうって自慢です。背景描くのがめんどくさいので絶対やりませんが。**SD**

● 今日のコマンド

```
crontab
```

今日の時を操る系コマンドは crontab です。設定した cron はちゃんと確認しましょう。

to be Continued

　定期的に決まった時刻に実行するジョブは cron で、24 時間稼働しないサーバで決まった時間に起動してないことがある場合の定期実行ジョブは anacron でフォローして、一度だけ指定した時間に自動的に実行したいのは at で処理させましょう。でも、わかっているのに cron を使っちゃう……。たぶん設定ファイルが残る安心感があると思うのですよね。一時的に置かれるのと違う安心感がありません？……ないですか、そうですか。最近は手に書いてあるのでやらなくなりました。時間指定も、「とりあえず "*" を 5 個書いてー、ユーザとコマンドを指定して……」ってやるからたまにこういうポカミスします。ホント、素振りは重要ですよね。

第12回 連載1周年記念！ Linux業界振り返り

2014年12月号

（注）この漫画はさいばらさんが憑いているよなーと、こんなコピーを付けた覚えがあります。

連載1周年記念！ Linux業界振り返り

この時は、まさか連載を10年も続けると思ってなかったんですよね。2年続けばいいほうじゃないかな。おそらく誰かにネタについて怒られるとか、マンガの不評が読者投稿欄に増えたとか、SDの売上が明らかに減ったからとかで打ち切られるんじゃないかと思ってたんですよネ。だから、「怒られるまで続ける」って自分では言ってたんですよ。「怒られる前にやめちゃう」んですけど。

で、1年目だしその時の振り返りマンガでも書きましょうかってのが今回のネタ。ちょっと西原理恵子風にいじってみたりしたんですが、誰も気づいてないと思います。それにしても、2014年っていろいろあったな……。RHEL7がこの時にリリースですよ。

記憶が確かならこの4月にOpenSSLの「HeartBreed」があって、9月に「ShellShock」という、脆弱性にカッコいい名前が付くブームの到来した時期だった気がします。この頃、私のお客様がSQLインジェクションでWebサイト書き換えられてしまった対応したり、別のお客様がケチってベンダーサポート更新しなくなった直後にハードウェアトラブル発生してなぜか部品調達に走ったとかも思い出しました。ああ、思い出したくない。

本題ですが、無暗に日記にするのは将来の自分の心臓によくない、ってことです。**SD**

● 今日のコマンド

```
openssl
```

今日のセキュリティなコマンドは、ひとまずopensslですね。この年はopensslコマンドをしょうがなく使い方をイヤイヤ覚えた人も多かったはず。

to be Continued

12月号発売時点で2014年は1ヵ月残ってますが、先取りして今年を振り返りましょう。今年は契機になる事件の多い1年だったと思っています。OpenSSLのHeartBleedを契機に脆弱性に名前をつけたり、マークがデザインされるようになりそうです。広くアピールするにはいいアクションだと思ってます。また、RHEL7やUbuntu 14.04LTSなど長期サポート製品がリリースされました。これらとの長い付き合いも始まります。開始するものもあれば継続するものもあり、筆者は諸事情で、メーカー保守終了製品の部品故障にも泣かされました。あと1ヵ月、何もなく来年が来るといいなぁ。振り返るつもりが、ボクらの2014年はまだまだ続くってことになりそうです。

IT エンジニア出世双六

特別挿絵 ITエンジニアの日常①

第 2 章

2015 年

生生流転

第2章 生生流転 2015年

瞬きもせずに

　1995年から1999年までの学生時代はSunOS、1999年に就職してからはずっとLinuxのデスクトップ環境を使ってたんです。2021年末に転職してからはしぶしぶWindowsを使ってますが。このマンガも日常的に（職場もプライベートも）Linuxデスクトップを使ってたので3ボタンマウスや2ボタンマウスでの3ボタンマウスエミュレーションの話してますが……これわかる人読者のうち1%ぐらいしかいなかったんじゃなかろうか。LinuxをサーバとしてCUIでしか使ったことなかったら、たまにしかGUIを使うことがない人だったら全然わかんないネタですね。著者的にこのマウスと瞬きのネタを考えた時「おれ、天才だったな」って思うほどおもしろかったんですけどね。

　そうそう、SunOSで使ってたのはこういうマウスです。

　本題ですが、もう3ボタンマウスなんてないかな？——と思ってAmazon.co.jpを検索したらワイヤレスになった製品が普通に売ってました。とっても安心しました。 🆂🅳

● 今日のコマンド

```
paste
```

今日の回顧なコマンドはpasteです。3ボタンマウスでは、左ボタンで選択した文字列がバッファにコピーされ、真ん中ボタンで貼り付けされます。ですが、pasteコマンドはバッファの貼り付けコマンドではありませーん。残念でしたー。pasteコマンドは指定した複数のファイルの各行を連結して標準出力に書き出します。うっかり使うなよ。

▶ to be Continued

　20年ぐらい前、UNIXワークステーションのGUIでは3ボタンマウスを使っていました。ターミナルやアプリケーション上で文字列を右クリックしてなぞり、真ん中クリックするとその文字列を貼り付けられます。2ボタンマウスを使う場合は、右と左クリックを同時にすることで真ん中ボタンの役割をする3ボタンエミュレーションというのが使われています。これがマウスの品質によってタイミングが合わないコトがあるのでちょっと高価な3ボタンマウスを購入したものです。最近はホイールマウスが一般的で、ホイールをクリックすれば真ん中ボタンになります。ホント良い世の中になりましたね。あー、オッサンホイホイな記事になりましたね。

地球危機一髪

「98年ごろに宇宙人の映画が」のくだりは『インディペンデンスディ』のことですね。

ラッパーのウィル・スミスが出てたやつです。このマンガはいろいろ好きなもの入れさせれもらった1ページでした。どれだけの人が元ネタをわかったでしょうか。

1コマ目の効果音に対する枠「この音は宇宙空間に……」の部分は『ドラえもんのび太の宇宙小戦争』の原作にある1コマが元ネタです（載せられないけど参考資料：https://twitter.com/shi_ba_mai/status/656467281812176896）。

2コマ目の「exactly!」はジョジョのアレですね。有名ですね。全体的には『Dr. スランプ』のニコチャン大王とその家来をモチーフに。

7コマ目の「じぇじぇじぇ」は2013年のNHK連続テレビ小説「あまちゃん」で流行語にもなったやつ。ページ全体が宮城県気仙沼弁で構成されているのは、友人に気仙沼出身の人がいたので「翻訳」を手伝ってもらいました。

本題ですが、宇宙人も OOM Killer 採用しているんですかね？　ってところは突っ込んじゃだめです。**SD**

● 今日のコマンド

```
exapnd
```

今日の頻出コマンドは exapnd です。タブをスペースに変換するフィルタコマンドです。なんで expand って？……そりゃぁ「スペース」だからさ。

to be Continued ....

98年頃に宇宙人の映画がありまして、地球侵略を目論むエイリアンから攻撃を受ける地球上の各国政府、反撃を試みるも宇宙船にはバリアが張られていて攻撃が届かない。最後の手段は Mac で作成したコンピュータウィルスを母艦に感染させ、バリアを解除させて攻撃・撃沈したとさ。「地球の PC で作ったウィルスって他の星の PC でも動くんだ！　もしかして Java で書かれてたのか!?　やっぱりこれからは Java やな！」と当時ホットな Java で少しだけ妄想を膨らませました。若いですね。本当にエイリアンが来た時にはまったく参考にならない映画でしたが、元ラッパーの俳優が、砂漠で愚痴を言いながら捕虜の宇宙人を引きずって歩くシーンは大好きです。

昔話は長くなる傾向がある

2コマ目にある「Gaim」はGNOMEのGUIウィジェットのGTK+を利用したAOL Instant Messengerとの「チャット」をUNIXで使えるようにしたツールです。AOLは、「American Online」の略で、2000年代のアメリカで勢力のあったインターネットサービスプロバイダです。この「Gaim」がAOLだけでなくMSN（Microsoft Network）のメッセンジャーや、日本でも大流行した「ICQ」、Google Talkなどとも会話ができるそれはそれはすごいツールでした。ですが、AOLが「AIM」という単語に商標をとっていたため、Gaimは「Pidgin」に名称を変更されています。現在はWiresharkというパケットキャプチャツールも、もとは「Ethereal」という名前だったのですが、メイン開発者が転職して名称を使えなくなったので名前を変更してます。1999年ぐらいからLinuxやOSSを使ってるとよく利用してたFreshmeatもFreecodeという名前になったり、運営元が安定しなかったりで現在はその機能は使えません。

本題ですが、昔話は長くなりますね……。**SD**

● 今日のコマンド

```
wireshark
```

今日のセキュリティなコマンドはwiresharkです。wiresharkはGUIもついてますが、CUIでも使えるtsharkというコマンドがあるのをご存じでしょうか。同じ機能が付いててGUIがないので軽く動作します。便利ですよ。

---

to be Continued ....

3歳のムスメがスマホをいじって画像を投稿してました。油断できない。お子様のいる家庭ではPCを使うのにも気を遣いますね。PCから離れる際はスクリーンロックの代わりに Alt + F2 で仮想端末に移動するのが手軽です。子供は華やかなGUIが見られないと動いてないと認識してくれるようです。子供の成長と同じようにOSS界隈も流れが速く、名称変更程度なら軽いほうで商用化されて不自由になったり、買収されて今後の継続利用が心配という事例も発生しています。このような流れを把握するためにも、エンジニアとしてはなるべく最新情報に触れていたいですね。最新情報なら手に取っているSDを毎月購読することが一番手っ取り早いですよ。（ステマ）

第16回 新人教育もてぇへんだぁ

2015年5月号

（注）伏字にしなくても、IPA（情報処理推進機構）です。当社も大変お世話になっております。

新人教育もてぇへんだぁ

シェルのコマンドライン操作を覚えてると Linux ライフが快適になるのですが、初心者や日頃使わない人はちゃんと 1 文字ずつ入力や削除をして大変だなぁと思います。とりあえず、

- ・コマンド履歴（Ctrl + p、Ctrl + n、Ctrl - r）
- ・行頭、行末への移動（Ctrl + a、Ctrl + e）
- ・コマンドやオプション、ファイル名の補完（tab）
- ・単語（Ctrl + w）、1 行削除（Ctrl + u）

これらぐらいは最初に覚えると捗ると思います。本題ですが、このネタは「銭形平次」を扱ってるんですが、最近の人は動画サイトばっか見てテレビを観る機会が減ったとなると、時代劇なんて大河ドラマを見ればよいぐらいでしょうか？ 『水戸黄門』とか『必殺仕事人』とかをネタにしてもわかる人いないんじゃないかって思いました。あれ？ そもそも時代劇って放送してる？ **SD**

● 今日のコマンド（よそみち）

```
bash-completion
```

今回はコマンドではなくパッケージで「bash-completion」というのを紹介します。最近の Linux ディストリビューションでは標準で bash に設定されているように思います。bash でコマンドやオプションなどを補完してくれるプラグインです。インストールされていないなら、ぜひインストールしましょう！

to be Continued

皆さんのところにも新人さん、来ましたか？ 今年はピチピチで元気なのが大漁ですよね！ 新人がその後に死んだ魚の目にならないよう、ちゃんと見守ってあげてください。作者が新人のときは、秋葉原のベンチャー企業で、何を聞いても「man 見ろ、man。なんで info と README も見ないんだ」という返事だけが来て大変勉強になったのを覚えてます。なぜか入社 1 ヵ月でノースカロライナへ単身出張とかもしましたね。変わった会社でしたが、まわりに素晴らしい先輩がいたからこそ……オレ、全然素晴らしく育ってないな……。あー、えっと……新人を見守る立場の私達も、新人だったころの好奇心や向上心を忘れないよう日々精進していきたいものですね♪（最後棒読み）

第2章 ▼ 生生流転 2015年

断捨離無情

　捨てられません。

　ええ、私のことです。もう CD ドライブがパソコンについてないし、CD を再生するオーディオ機器もないのに音楽 CD がたくさんあります。まぁ USB で接続できる外付け blu-ray ドライブがあるのでなんとかなるんですけど。物理的な CD だけではなく、デジカメデータとかも捨てられないんですよね。ピンぼけしてる画像も含めて SD の画像データ全部を DVD に残しておいちゃう。だから子供が小さいころの DVD が大量にあります。たぶん二度と見ないのに。二度と使わないと思うのになくなったら困ると思うの、なんとかならんかしら。

　本題ですが、OSS の Linux ディストリビューションの古いパッケージとかデータとか残ってるのホントすごいですよね。ミラーサイトのストレージ管理するのも大変だなぁと思います。**SD**

● 今日のコマンド

```
genisoimage
```

今日のたまに便利なコマンドは genisoimage です。ファイルやディレクトリなどをまとめて ISO イメージにできます。これで ISO イメージを作ったら CD-R や DVD-R、blu-ray などに焼いてデータを保存しましょう！

to be Continued ....

　捨てられない派で、先輩に相談したら「整頓しろ！　整頓されていないものは捨てられる！」と言われて、実践するとちょっとスッキリしました。今後、容量が増えたらどんどん貯めちゃってまた捨てられなくなる！　って相談したら、「量ではなく、貯める数はそんなに増えてる？」と。「画像データ、動画ファイル、Office ファイルも時とともに大きくなってるし、人間が処理できると思って置くならば、量の変動は少ないはず。保存で大事なことは、容量より処理できる数だよ。食べられるものだけ置いときな！」と。まぁ、こういう整頓ができる人なら捨てることに悩まないんでしょうね。著者にとって、保存データと積読は終わりなき旅路になりそうです。

039　Software Design Plus

デラシネ君

　日進月歩なこの業界、新しいツールや設計方法などはポンポン目の前に現れます。積極的に追いついていかないと自分が廃れちゃう。困ったものです。ですが、廃れずに乗り切れることもあるんですよね。vi なんてずっとあるし。bash もずっとある。それだけで何とかなりそうなもの。新しいものは覚えちゃえば便利で使いやすいことが多いのですが、覚えないと手間がかかるまま。何とかなるけど便利もほしい、となるとやっぱり新しいのに付いていくしかないんです。困ったものです。

　本題ですが、タイトルの「デラシネ君」は編集がつけてくれたものです。「デラシネ」って何だっけ？ ── と調べたら「根無し草」の意味があるんですね。誰ですか？　『でらべっぴん』みたいな単語かな？　って思った人は。 **SD**

● 今日のコマンド

```
dc
```

今日のコマンドは dc です。逆ボーランド記法電卓コマンドです。かつて「現在も使われてる最古の UNIX コマンド」を検索した時、UNIX を作ったケン・トプンプソンが最初に作ったのが dc という記事を見たような見てないような……。

> **to be Continued** ‥‥‥‥‥‥‥‥‥‥‥‥‥‥‥‥‥‥‥‥‥‥‥‥‥‥‥‥‥‥‥‥‥‥‥‥‥‥
>
> 「目的を達成するための手段は 1 つじゃない」というようなことを誰かが言ってました。OSS に限らないことですが、メールを送信するにしても複数の選択肢があります。「使えるヤツ」かどうかは実際に試して評価が必要です。そして、新しいツールもどんどん現れます。これらもやっぱり使ってみないとわかりません。そこに評価が必要です。同じ目的のために違うツールを器用に使い分けてる人を見たことがあります。アタマにどれぐらいスレッドが走ってるんでしょうね。とはいえ、この業界では新しいツールの評価は積極的にやってかなきゃいけないんですよね。自戒を込めて、次回に続く（ネタは続かない）。あ、僕らには SoftwareDesign があるじゃないか（ステマ）。

第19回 ライフログ

2015年8月号

（注）婚活で街コンとかいろいろ行く同僚もいますが、どうも無理ですね……なので愛のツイートなんてあるはずがありません。

ライフログ

　スマートウォッチはすっかり一般的になりましたね。やっぱり Apple が動くと普及が早い。もうみなさんもすっかりライフログとられてることでしょう。

　私は Apple のではなく、ランニングの時計をつかってます。心拍数から睡眠状態やストレス状態を計測され、ココロの状態を指摘してきます。もうその指摘が楽しくて、風呂に入るとき以外は時計をつけてます。

　本題ですが、システムの状態は監視してグラフとかつけるのに、PC を使ってる人の心の状態とか監視するシステムって聞かないですよね。「ちゃんと働いてるか？」って監視するソフトウェアや仕組みはあるらしいのに。「あなたは疲れてるようなのでもう仕事に使うのはやめて、おススメのリラックス動画みてください」とか PC に言われたいなぁ。 **SD**

● 今日のコマンド

```
smartctl
```

今日のスマートなコマンドは smartctl です。ストレージだけ、状態確認できるコマンドです。smartd が動作している必要があります。バックアップしてたり、リストアが容易だったりすればよいですが、ストレージはやっぱり守るべき部品ですよね。

◁ to be Continued ....

　歩数や睡眠時間などが記録でき、スマホと連携するとメッセージやメールなども通知してくれる機能を持ったブレスレットを買ってみたら、これが楽しいの。歩くのは通勤程度のデスクワークな私、一応設定した目標に達すると幸せを感じるわけです。コレを始めてみたらログするのが楽しくなっちゃって、前からやってたランニングの GPS ログに加えて、体重計の数値を記録するスマホアプリを導入したり、飲酒量とかも記録したりし始めました。振り返りって大切ですよ。「こんなに呑んでたんだ」って愕然とします。コマンド履歴もライフログみたいなものですが、コマンド実行回数より利用時間で統計を取りたいですね。そんなログツールありましたっけ？

妖怪のせいなのね

　水木しげる作品が大好きなんですよ。妖怪については特に好きとかはなく普通なんですが、水木作品を読んでるから妖怪が付録でついてきました。このネタを考えた時は「妖怪ウォッチ」が大盛り上がりでしたね。水木作品やトイレの花子さんとか妖怪作品にくらべ、「妖怪ウォッチ」は歌って踊ってお茶の間に入ってきてスルッと市民権を得てしまった珍しい作品だと思います。

　『ひみつの Linux 通信』も SD にスルッと入って存在感があったのかなかったのか……。みなさんご存じのとおりです（笑）。本題ですが、人のせいにしない。妖怪のせいにしない。これ大事。 **SD**

● 今日のコマンド

```
watch
```

今日の面妖コマンドは watch です。「watch コマンド」とすると、コマンドの出力を定期的に更新して表示します。ファイルコピー中のあるファイルの進捗を見るのに「watch ls -l ファイル名」とかすると便利だったりします。ええ、「妖怪ウォッチ」の「ウォッチ」からこちらで紹介することにしました。

to be Continued

　最近なんでも妖怪のせいにできてしまう風潮があります。眠気が目覚まし時計に勝って起きれなかったり、ココゾというときにスマホが再起動していろいろ手間取ったり、宝くじが当たらない、歯の被せモノがはずれる、出張なのにラップトップの AC アダプタを忘れる、肝心な時に DNS サーバがメンテナンス落ちしてる、思わぬバグを踏んで作業時間がなくなる……。ま、妖怪のせいにしても怒られるのは自分ですけどね。ていねいに進めてても、そういうときはあるので、何にでも「ココロにゆとり」を持って行きましょう。そういえば、この業界には下手を踏ませる妖怪以外に、気づいたら良い方向に進めてくれる「妖精さん」ってのがいて……（妄想話はこの辺にしときます）。

第21回 流れゆく業界

2015年10月号

（注）Struts 職人の朝は早い、っていうネタツイートをしたら、当時うけましたな。いまでも残っているかもしれないので、Google で *.do とかファイルを検索するといいかも。

流れ行く業界

1コマ目は mixi の話でした。mixi って Facebook みたいな国産 SNS として一世を風靡してました。新しいもの好きのインターネットユーザーは X(旧 Twitter）や Instagram などの SNS に移行して新天地でバチバチやってるのですが、mixi に居続ける人もいるようです。今の mixi ではバチバチする人はすでに少なくなったらしく、とても居心地がイイんですって。

4コマ目は VA Linux 関連のサービスの話です。当時、OSS のアーカイブやインストーラをダウンロードできたサイトの1つが OSDN でしたが、そこでアーカイブにアドウェアが入ってたという事件がありました。OSDN は OSS の更新を知れる freshmeat.net というサイトも運営していたこともあり、時の流れはイジワルなことをするなと感じます。

本題ですが、この時は「ポン道」はなかったのですが、その後本当に作られてニュースになってました。川は流れるものですね（https://shujisado.com/2021/11/09/goodbyosdn/）。**SD**

● 今日のコマンド

```
install
```

今日の振り返りコマンドは install です。パッケージ管理ツールや make install をしてると意識することはないのですが、intstall というコマンドがあります。権限や所有者も指定してファイルをコピーできるので細かいことを cp とかに求める人はこちらのコマンドも見てみましょう！

> **to be Continued** ....

　流れの速い業界では日々の精進が肝心というのはよく聞きます。流れと言えば、リバイバルもそうですよね。20 年周期で洋服の流行が戻ってくると言うアレ。現在の仮想化は汎用機のそれのリバイバル、Docker は chroot や jail のリバイバルと一部で言われるのでこの業界にもあるのです。そろそろ、Windows 95 風シェルのデスクトップ環境が華麗にかえってきたり、二次元コスプレ時計がスマホの待受画面に戻ってくるとか、ピンクのクマがメールを運ぶ MUA が復活しそうですよ！今の技術も 20 年後にも使えるかも、と思うと少し精進するのも楽になるような気がしませんか？どれが還ってくるのかわかりませんが。ちなみに著者はペンギンに運ばせてました。

第2章 ▼ 生生流転 2015年

オプションの魅力

　実現したいことがどのコマンドでできるのか調べて、その上に指定するオプションや引数の指定も必要って、ホントに Linux コマンドって難しいですよね。

　rsync なんてコピー元、コピー先の末尾に「/」があるか・ないかで動作が変わるのです。「/」はうっかりつけ忘れる、癖で付与しちゃうことだってあります。rsync は実行するたびに寿命が削られる「悪魔のコマンド」だと思ってます。

　本題ですが、2・4・6コマ目は魔夜峰央先生の代表作『パタリロ！』のように背景に薔薇をちりばめてみました。そしてシリアスシーンは『軽井沢シンドローム』でお馴染みのたがみよしひさ先生風です。薔薇って描くのめんどくさいですよね。

　ちなみに、魔夜峰央先生はバラはアシスタントに任せて自分では描いてないそうです。あんなにあるバラを……自分ではやらないのか……。なんて重労働なんだろう。**SD**

● 今日のコマンド

```
rsync
```

今日の悪魔のコマンドは、rsync です。便利なんだけど、実行前に絶対 PATH を確認しちゃうやつ。

to be Continued ....

　UNIX コマンドは、実行に成功すれば何も出力しないことが多く、はじめてコマンドラインを触れる人にとってはとっつき難いかもしれません。現在の状態ぐらいは表示が欲しいときもありますね。そういう場合は「冗長モード」の「-v」オプションなどを使ってみましょう。mv や cp 等では実行するアクションを出力してくれます。「本当に削除していい？」という確認がないと不安になる症候群の皆さまには、rm や mv でも「-i」オプションを使えば削除、上書きするかを確認してくれます。これらの確認、出力オプションは、そのコマンドごとに用意されているマニュアルで確認できるので man で見ましょう。あ、そのコマンドたちは、メンテナ達の「愛」でできてるよ。

数字が見える！

マンガ『DEATH NOTE』は、対象者の名前を「デスノート」というノートに書くと、その人が死ぬという話でした。その設定の1つに、悪魔と契約して人を見ると、死ぬまでの日数がその人の頭に見えるというのがあります。現実にわかるのは賞味期限とかサーバ証明書の有効期間ぐらいしか数値としてわかるものってあんまりないですよね。ガソリンの赤ランプが点灯したら10kmぐらいは走れるとか、スマホのバッテリがのこり10%だから2時間は使えるとかは「勘」というか「経験」に寄るものも多いと思います。でも数字が実際に見えちゃったら情報量多すぎて脳が追いつかない気がします。少なくとも私は無理です。

Linuxディストリビューションのパッケージ数だってどんどん増えています。バージョンアップの度に削除されるパッケージがあるのに増えてく一途です。青天井なのも困るなぁと思いますが……あれ？……これって別に私が困らなくてよい数字じゃない？

本題ですが、死神デュークのモデルはメタルバンド「Disturbed」のマスコット「The Guy」です。あ、これも誰も困らない情報だ……。**SD**

● 今日のコマンド

```
smartctl
```

今日のデジャブなコマンドは smartctl です。あれ？ 最近このコマンドを紹介した気がする……。まぁいいか。あと数日で死にそうなストレージを教えてくれるので使いましょう。

to be Continued

永久機関は存在しませんので、モノを使ってるといつか訪れるソレ。初期不良、有効期限、欠品、経年劣化、インクの乾燥、製造終了、サポートの終了……。愛用してたそれと無情にも引き離される、突然振りかかるメンテナンス……まさにショッギョ・ムッジョ！ 有効期限とサポート終了は調べればわかることなので対策は可能ですが、故障は対策しにくいので結局サポートを契約することになったり。この社会は誰かのメンテナンスで成り立っていると思うしかない。S.M.A.R.Tで見ても壊れるときは突然やって来ますしね。そんなわけで、悪魔がくれる特殊能力みたいなのっていつまで経っても憧れますねぇ。(永遠の厨二病)

[円環の理] 編

2016年1月号

UnixWizard 専門学校〔円環の理〕編

1982 年から 2023 年まで放送されていた「タモリ倶楽部」内に「空耳アワー」というコーナーがありました。洋楽や日本語以外の楽曲の聞き間違いをコントもつけて楽しむ画期的な時間でした。ちょっとね、それをやってみたかったんですよね。某有名魔法使い映画を使って。壮大にコケてますよね。今さらですが、ネタの説明をしたいと思います。批判は、/dev/null に投げてください。

ディメンターを xdemineur で表現したかったんですよね。普段使わないパッケージなんですが、このパッケージ名を知った時に「似てるな」って思ったことがあったんですよね。懺悔します。「expect で対応なう」は「エクスペクトパトローナム」を表現したかったんですよね。いや、苦しいのはわかってるから皆まで言うな。本当に言うな。泣くぞ。「dump restore 先生」は「ダンブルドア先生」を表現しようと……。え？ もういい？ まぁ、あとあれです。あの作品には時間を戻して処理する話があったじゃないですか。それを組み合わせてタイムパラドックスな 2 ページにしたかったのですよ。

本題ですが、2 コマ目にはいろんな魔法使いを入れたつもりですが、みなさんどれぐらい著者が表現しようとした魔法使いに気づいたでしょうか？ **SD**

● 今日のコマンド

```
expect
```

今日の見開きスペシャルコマンドは expect です。ftp などの対話型コマンドに指定した文字列を入力してくれる便利ツールです。ユーザー名とパスワードを入力しないと実行できないコマンドに対してそれらを機械的に入力してくれます。最近は API キーとかであまり出番ないかも。

ひみつのLinux通信　*054*

第 3 章

2016 年

春風駘蕩

エリート語

一部のクラッカーやハッカー、アンダーグラウンドな人や永遠の厨二病の方が使う「ELITE 語」。あの文字遊びに名前があったんだ、という人も多いのではないでしょうか。

さすがにまだ使ってる人なんていないと思いますが、パスワードの複雑さをセキュリティポリシーで決まってたりするトコロで「能力」が有効活用されている気がします。ほら、渡されるでしょ。「パスワードは P@55w0rd でね」と。その ELITE 語はその後日本では、「ギャル文字」になって発展してます。ギャル文字すごいよね。すでにおじさんの私は全然読めません。

本題ですが、8 コマ目の「♪ちゅちゅ〜血をちゅー」はアニメ「ゲゲゲの鬼太郎」で妖怪吸血エリートがアニメで歌ってた歌です。佐野史郎が歌ってたのですが……。なんでここでこのキャラにこの歌を歌わせたかが全く記憶にありません。**SD**

● 今日のコマンド

```
pwgen
```

今日のコマンドは二度目の登場ですが pwgen です。パスワード生成コマンドの 1 つです。-y で記号、-c で大文字小文字にしたりなど、重宝するコマンドです。

---

to be Continued ....

このごろ改竄された Web サイトに書かれるのは隣の大陸文字が多く、10 年ほど前によく見た「leet 語」は珍しくなりました。若い人は「ギャル文字」に流れたのでしょうか。いまだに使ってるのは「痛い人」のイメージすらありますね。セキュリティスキャナとして有名なツール「nmap」には、この「leet 語」を出力するオプションがあります。「nmap -A サーバ名 -oS -」で「leet 語」に変換された結果を標準出力に出せます。対象サーバは、他人の迷惑にならないあなたのサーバなどを指定して試してみてください。ただし、SSH デーモンで使っているホスト鍵のフィンガープリントも「e」が「3」などになって意味がなくなるので本当に戯れ程度で使いましょう。

2016年3月号

（注）連載中、結局のところチョコレートのプレゼントはなかったな。本誌の読者の95%が男性だからしかたない。もらっても先生は困っちゃうかも。

ホカン

　「ホカン」って聞くと「人類補完計画」を連想するあなた、まぁまぁ歳いってるかその道に精進されたほうとみてよいですね。ええ、ヲタクって言いたいだけです。仲間だな！　最近、パブリッククラウドを使うことも増えてLinuxを使うことも増えたIT業界ですが、日頃使うのはGUIデスクトップでコマンドラインではないことが多いので、作業のコマンドもコピペするのを多々見ます。作業項目表にあるコマンドラインをコピペして実行、ならよいのですよ。「あのブログに載ってたあのコマンドラインをコピペして指定ファイル名だけ変更」とかする人は意外と多い。そんなことするならシェルやエディタなどの入力補完機能を使った方が楽じゃない？　作業項目表にあるコマンドラインをコピペして実行、の方が良いですよ。作業項目表を作るのが死ぬほどクソめんどくさいですけど。

　本題ですが、ダジャレ的にはよくできてると自負しています。**SD**

● 今日のコマンド（よりみち）

```
bash-completion
```

コマンド代わりに、bash-completionパッケージを入れましょう。
コマンドやオプションの補完をしてくれるのでとっても重宝します
よ。このパッケージの紹介は2回目です。

to be Continued

　シェルを初めて使う人に、最初に教えるのはパスワード変更時にパスワードは表示されないことと、tabでコマンドを補完できること。補完を利用するとタイプミスも防げるし、長いコマンドやオプションを失念した時に「ああ、タブがあってよかった！」って誰にでもなく感謝します。シェルだけではなくvimやemacsなどのエディタやIDEでも補完があります。長い変数名や関数名とかは補完使えないと編集作業に集中できません。メールソフトによってはメールアドレスを補完することもありますね。同じ「井上」でも別のアドレスが補完されることがあるので、補完に頼りきるのも注意が必要ですね。このページは今年も補完されないようにがんばります。

第26回 シグ松さん

2016年4月号

(注) ちょうどこの当時は、アニメの「おそ松さん」が放映していて流行っていたんだよな。時代を取り入れるくつな先生。

第3章
春風駘蕩 2016年

シグ松さん

　執筆当時、『おそ松さん』というアニメが流行ってました。私は「トキワ荘」のマンガ家が微妙に好きな人で、手塚治虫・藤子不二雄・石ノ森章太郎・赤塚不二夫とか幼少期によく読んでました。読んでない作品も多々ありますが、手許にあったのは「トキワ荘」作家でした。『おそ松くん』も御多分に漏れず読んでましたが、『おそ松さん』でリバイバルしたときの衝撃は微妙にありました。原作をなるべく壊さないようにしつつも破壊の限りを尽くし、現代に無理矢理塗りたくった感じ。キライじゃないですね。ならば、私もアンサーを出そう、と勝手にLinuxと関連付けてネタにしたのがこれでした。

　実際、シグナルっていくつあるんだ？──と当時しらべて64あると知り、なんだAKBなんとかにも勝てるなって思ったものです。本題ですが、「しぇー」の注目ポイントは手と靴下の描き方だと思ってるんですよ。ええ、勝手な思い込みですが。 **SD**

● 今日のコマンド

```
man signal
```

今日のオマージュなコマンドは「man signal」です。シグナル一覧を学べます。

to be Continued

　あるプロセスにメッセージを送るシグナルという仕組みがあります。キーボードの ctrl + C を押せば「INT」シグナルが送られて実行中のプロセスが終了、ctrl + Z を押せば「TSTP」が送られて一時停止します。キーボードの他に、killコマンドで、シグナルと送信先プロセスを指定して送ることもできます。killは「プロセスを殺すコマンド」なんて物騒なものではなく、実は「プロセスにシグナルを送るコマンド」なんですよ。「man kill」を見ると好奇心爆発してソースコードに飛び込みたくなりますね。「kill -1 -9」の例も実行してみたくなり、趣き深い。他にもpkill、skill、killallなどのシグナルコマンドがあります。これらでも6つ子できるかな？

第3章

▼
春風駘蕩　2016年

宮田さん

　執筆当時、TVのワイドショーでコメンテーターとして出演されていた方がいらして、それはそれは警察で活躍されていたらしく、犯罪ニュースのコメントをよくしていました。

　そのコメントが奇抜すぎてネットで話題になっていました。正直、私はワイドショーをちゃんと観なかったのですが、この人は存じてました。強盗に入った人のプロファイリングに「20代から30代、もしくは40から60代の男性、もしくは女性」みたいな、一見プロファイリングしている感あるコメントをしてたと。それをシステム管理で茶化しちゃえー、というネタでした。

　本題ですが、「犯人はヤス」を知ってる人はアラフィフ、1970年代産まれですからね。**SD**

● 今日のコマンド

```
ss
```

```
netstat
```

今日の振り返りなコマンドは ss もしくは netstat です。サーバの接続状況確認はまず確率されたコネクションです。ss か netstat で確認するのが第一歩です。ええ、ちょっと真面目に説明したつもりです。

◁ **to be Continued** ....

　システムに問題が発生した場合、ログなどを見て状況を把握したあと、発生した原因などを推測・検証し、再発しないための対策を実施して運用再開につなげます。発生原因などが不明な場合や新手の攻撃方法が使われた場合などは推測・検証が難しくなりますが、こういうときには先人が実は良きアドバイザーになりますよ。先人のアドバイスには踏んだ場数や経験がこもっています。相談は大事ですよ。先人がまわりにいないなら書籍に頼りましょう。Webもいいですが、書籍も先人の経験と叡智の集合と言えます。このタイミングなら言えそうだ！　これから Linux を使う新人さんは『改訂3版 Linux コマンドポケットリファレンス』が超便利だそうですよ（ステマ）。

sh はやっぱり

Linux ではシェルを意味する「sh」。現実世界では、末尾に「sh」がある単語って結構多いんですよね。fish、crash、cash、mush、push（コマンドがあるな）、coquettish（コケティッシュ）、dash（あ、シェルの名前にもあるな）。言語の知識が乏しいので詳しいことは言えませんが、たぶん末尾「sh」は形容動詞的な使い方をするんじゃないかなと勝手に思ってます。あれ？　形容動詞で間違ってないかな？　あはは。言語は難しい。

本題ですが、「sh」は若いころは「しぇ」と呼んでましたが、ある程度歳を重ねるとこの発音が微妙に恥ずかしくなってきて、「えすえいち」とある時から呼ぶようになりました。成長って、そういうことです。 **SD**

● 今日のコマンド

```
chsh
```

今日のシュッとしたコマンドは chsh。シェルを変更できるよ。変更先シェルは /etc/shells に記載していあるシェルからしか選べないよ！

to be Continued

普段使っているシェルは bash です。たまに zsh を試みますが、やっぱり bash に戻って来てしまいます。他のシェルも魅力的ですが、変えてみようと思うたびに設定方法調べたり、設定ファイルを作る・試すのが激しく面倒になったり、ある機能が使いたくて移行してみたら数ヵ月後に bash でも同じ機能が使えるようになったとか……。こういうことが続くと Linux を触ってる間は bash にココロを捧げたほうがむしろ楽ではないかと思うわけです。UNIX 互換 OS を使ううえで一番触れるのがコマンドラインです。zsh や tcsh をカジュアルに選ぶのもイイですし、「一番肌に触れるもの」と肌着を選ぶように慎重にシェルを探すのも Linux 環境を使う楽しみの 1 つですね。

デフォルト至上主義

　まだクラウドが流行りだす前、オンプレ全盛期では手元の作業PCだけ自分にあったカスタマイズをしていました。出荷するサーバなどは設定する時だけの一時的な「触れ合い」なのでイチイチ自分好みに設定変更はしてません。

　クラウドが出てきて、自分のデスクトップがクラウドにある仮想マシンを使う必要があったり、開発環境もクラウドで毎回作られるコンテナ環境を利用するとかになるとカスタマイズする台数が増えてそれはそれは面倒臭い。そこで思いついたのが「デフォルトのままで使うのが一番楽」でした。

　本題ですが、いまだに標準エディタがnanoになってるのだけは一番最初にvimに置き換えてます。誰だよ「デフォルトが一番楽」なんて言ってたヤツわ。**SD**

● 今日のコマンド

> nano

デフォルトのエディタは nano なの？（という今日のコマンドダジャレ）

◁ *to be Continued* ....

　皆さんと同じで、著者もセットアップ大好きです。好きなセットアップは数年に一度のPC買い替え時、嫌いなセットアップは納期が近いときの作業端末の故障対応です。納期が近いときの緊急セットアップの頻度が高いのですが、著者は前世でよほど業の深いことをしたのでしょうか。すべてのツールをデフォルトで使えるようになれば楽じゃね？──と思ったのですが、カスタマイズしないで使うって結構難しいので、暇な人はぜひやってみて！　まず、ctrl の位置を替えるの禁止、から。設定ファイルをGitHubに格納・利用端末で共有するのもアリですよね。ただし、アドレス帳を公開状態でpushしないように注意してね。コレを守らないと周囲の人へのSPAMが増えます。

第30回 圧縮ファイルあれこれ

2016年8月号

（注）編集者になったばかりだった頃の話ですが、原稿のやりとりをIsh形式でやったことがあって、古きよきパソコン通信文化を味わいました。そんな老害が担当です。

圧縮ファイルあれこれ

第3章
春風駘蕩　2016年

　tar は「Tape ARchive」の略。Tape は磁気テープの事です。Archive は「保管」等の意味がありますが、Unix では「複数のファイルを1つにまとめる」になります。当初は tar に圧縮するオプションはなかったような……気がする。最近は tar でまとめた1つの「アーカイブ」を圧縮する形式がいろいろ増えたように感じます。2000年ころまでは tar + gzip が主流でした。いつぞやから tar + bz2 になり、xz が出てきて Linux ディストリビューションのバイナリパッケージ圧縮形式に採用されるようになり、最近はZStandard という形式もあります。Windows でも使える lha、rar や zip とその互換ソフトウェアなどはあまり変化がないように（私だけかも）思えますが、Unix/Linux 界隈の圧縮ファイル熱は冷めやらないですね。

　本題ですが、日本語ファイル名が入った圧縮ファイルの展開で文字化けって最近見ませんね……。とりあえず unar しか使ってないからかな……。🆂🅳

● 今日のコマンド

```
unar
```

というわけで、今日の四方山コマンドは unar です。展開できないときの最終手段だったりします。

◁ **to be Continued** ･･･

　日本語のファイル名を含む ZIP 圧縮ファイルを、Linux の unzip で展開すると文字化けするんですよね。unzip にこだわらなければ日本語ファイルに対応できる unar が便利ですよ。簡単に調べたらいくつかの最新ディストロでは apt や yum でインストールできるみたい。これで窓の人と仕事しても平気だね。最近の若者は圧縮ファイル内の1つのファイルを取り出すためにとりあえず全部展開する人が多いみたい。unzip も tar も、「unzip **圧縮ファイル名 欲しいファイル**」のように、展開対象圧縮ファイル名の後に取り出したいファイルを指定すればそれだけ「抽出」できるから時間とストレージを大切に使い……なんか老害みたいだね……あっち行きますね。

第3章

春風駘蕩 2016年

モジュールを読み込むように進化したい

　学習コストは低いほうがよいです。でも学習コストが低くなると市場価値が下がるので、生き残るためにはコストの高い学習をするか、別の世界に出るかです。結局頼れるのは己の才能と開き直れる歳でもなくなったので……どうしましょうね（悩）。

　本題ですが、学習コストを低くして高い能力を容易に得られるようになるより AI（人工知能）で難しい仕事を全部任せられるようになるほうが早い気がしてきています。シェルのコマンドライン補完のように「p」だけ入れれば前後の入力コマンドの履歴や対応している問題の様子をくみ取り「ps aux」まで補完するような。AI に任せられれば Linux でコマンドなんて入力しませんかね（私は AI で全部仕事がなくなるなんて思ってませんけど）。**SD**

● 今日のコマンド

```
lsmod
```

今日の開き直りのコマンドは lsmod です。最近、Linux カーネルのモジュールが読み込めてるかって調べなくなりましたね。udev などが勝手に読み込んでくれるものね。でも覚えておいてほしいコマンドです。

to be Continued

　歌って踊れるエンジニアが夢ですが、歌えないし踊れないしエンジニアとしても特に自信はありません。この業界、勉強は欠かせないのに時間は有限、現金も有限、お腹も空くし、睡眠も削れない。手軽にスキルアップを、Linux カーネルモジュールのように insmod や modprobe できないか脳内検討した。映画『MATRIX』にもそんなシーンがあったね。ああいう世界がそこまで来てるんだ、ってワクワクしました。機械の世界には恐怖しましたが、アレが普通になると学校とか行かなくていいから、さらにコミュ障になりそうだし、そういうロボットのほうが先に実用化されそうだし、アレはオレに有用じゃない！──って結論にいたりました。やっぱり、日々努力して歌って踊れるエンジニアになります。

第3章

▼ 春風駘蕩　2016年

大容量サイズのディレクトリを分割する

　最近の人はみんなデータはクラウドに置いちゃうんでしょ？　スマホで撮った画像も iCloud とか Amazon Photo とか Google Drive に同期しちゃうんでしょ？　スマホじゃなくてデジカメで撮ったデータは自動で同期しない……あれ？　今は同期しちゃう？　やっぱりスマホじゃ力不足な時は一眼のカメラ取り出すわけです。一眼使う時は枚数も半端なく、容量もそれはそれは使うのです。かつては「DVD にあわせて容量 4GB の SD カードを使えば、満タンになったらそれを DVD に焼けばいい」と思ってました。子供ができてからの SD の容量消費量って言ったら大変なコトでした。もう毎日 DVD を焼くぐらい（すみません。盛りました）。めんどくさくて 16GB の SD カードを使い始めたら DVD にするのがめんどくさくなる、という。このマンガを描いた時は子供が本当に小さくて、上記のような状況だったのですが、今は程よい大きさになって 1 年に 8GB 埋めるかどうかぐらいになりました。

　本題は、データを円盤化するのに分割するポリシーは決めといたほうがイイ。16GB の SD を DVD にするには何を使うか、日付順やサイズ順などの分類基準など。一人で勝手に悩んでたネタでしたね。**SD**

● 今日のコマンド

```
mkisofs
```

今日の子煩悩コマンドは mkisofs です。困ったらコレです。

---

to be Continued ••

　データを失う辛さは知ってます。データを失ったときの涙がしょっぱいのも知ってます。そのようなツライデータ消失は、故障などの不慮の事故が多く、それに対応するためにはバックアップが有効です。業務データは RAID で可用性を高め、バックアップをして保全性をアップするのですが、個人のデータだとコストのかかる対策がしにくいので光学メディアに頼ることになります。画像データって滅多に使わないけど失うと衝撃デカいですからね。大容量の SD カードから光学メディアへのコピー、これが本当に面倒で悩んでたら先人が作ったツールがすでにあることがわかりました。しかもすぐ近くに！　感動しましたね。悩んだ分、成長したと考えています（どこが？）。

2016年11月号

(注) 本当は、ハンフリー・ボガードのセリフなんですが、知らない人も多いと思います。

犯人は誰だ⁉

「昨日？　そんな昔のことは忘れた。明日？　そんな未来のことはわからない」って有名なセリフがあるんですけど、調べたら映画『カサブランカ』のハンフリー・ボガートの言葉だったらしい。おかしい、『カサブランカ』を見た覚えがないぞ。

さて、いくつか案件を抱えてたりすると、手を下した（言い方 w）覚えはあるけど、どう始末したか（言い方 w）は覚えてないものです。未来の自分に笑われないために日々最高の自分を発揮してけばいきたいですね。あれ？忘れてるのはもしかして歳のせい……か？

本題ですが、4 コマ目の若者が落胆するシーンは、「魁！クロマティ高校」などの野中英次先生の作品でよく出てくる落胆シーンのオマージュです。何もない部屋の真ん中で悔しがってる姿がとても好きです。**SD**

● 今日のコマンド

```
git blame
```

今日は git コマンドで git blame です。git も普通に使う時代になりました。

---

to be Continued ··

　過去のコードを見直すたびに、自ら黒歴史を紐解くようなイヤな気持ちになります。3 日も前になると、なんでこんなの書いたのかと自分を呪うことオッフンです。自分が楽するために書いたコードが人に見られるとなった際には、「卒業アルバム隠さなきゃ」「エロ本隠さなきゃ」みたいな汗が出ます。すぐポイするつもりだったスクリプトを見られるのに抵抗を感じるのは、ゴミ箱を漁られるのに似てるからでしょうか。OSS 業界にいるんだし、いつ見られても良いように恥ずかしくないコードを書いていきたいものですね。コードだけではなく、常日頃も恥ずかしいと思うような行動は慎みましょう。いい大人なんですから（なんで鏡を見ているの？）。

075　Software Design Plus

天国と地獄

　どの業界も天国と地獄があります。いい面もあれば悪い面もあります。他から見ればよくないことでも当の本人は実は楽しんでるってことはありますよね。ツラいけど社員割がデカすぎる販売員とか、ツラいけどデバイスやガジェットが他人より早く触れるガジェットライターとか、大変だけど子供と遊べる保育園の先生とか。小さいけれども楽しいことが結構ココロの支えになってることはあります。本題ですが、結局楽しんだもの勝ちってことです。

SD

第 4 章

2017 年

蕩佚簡易

2017年1月号

（注）当時から『鬼滅の刃』の大ファンだった担当編集の書き込みはいまから振り返るとブームを先取りしていた慧眼ぶりがわかる貴重な煽り文。自画自賛の呼吸！

第4章

蕩佚簡易　2017年

初悪夢

　この数年、COVID19 が蔓延する前の 2020 年ぐらいから初夢を見てない気がします。夢って起きてから 5 分で消えると言いますから、もしかして見てるかもですけど。でも「初夢」というイベントですから、目が覚めたらとりあえず「なんの夢だっけ？」って思いますよね。でも覚えてないのです。だから見てません。多分見てません。そもそも初夢って、1 月 2 日に見る夢って言いますよね。1 月 1 日の元旦の夜、寝てみる夢なので 1 月 2 日の夢です。

　でも大晦日に寝てみる夢は「初の夢」にならないのか。疑問です。そんなこと考えてるから「今日見たのが初夢か？　昨日のが初夢か？」って混乱して夢を覚えないのかもしれません。

　本題ですが、今回はいろいろな SF とか詰め込んでよくわからない 1 ページになってますね。どうもすみません。**SD**

◁ **to be Continued** ・・・

　IoT が当たり前になった今、Linux でネット接続できる小さな機器を作ることが簡単になり、とっても楽しいのですが、簡単に作れるようになったからこそ「ちゃんとメンテナンスされているんだろうか」と思う機器も気になるようになりました。機械はペットとは違うので放置しがちですが、自分の増え続ける機器もちゃんと管理して廃棄まで見届けないといけませんね。認証設定されてない監視カメラの事件もこういう放置から来るんだろうと思います。機械と言えば、著者は毎年初夢に「ターミネーター」を見てしまうことが恒例で、液体金属型にエレベーターで襲われるトコで目が醒めます。今年も見るのかな……。では来月号で、I'll be back ！

コマンド名の由来

第4章 ▼ 蕩佚簡易　2017年

　古くから利用されている UNIX/Linux コマンドの名前の由来を聞くと「え？」って思うものはよくありますが、「あぁー」と納得できるものも多々あります。chmod とか chattr とかはまぁまぁ想像できますよね。bc は「business calculator」（諸説あり）、dc は「desk calculator」ってわかんねーよ、って思いました。chfn も /etc/passwd にある情報を編集できるにしては元は「change full name」が由来というのも「後から機能付けちゃったんだろうな」感あります。

　本題ですが、ふと「ls /bin/*」をしてみると「llvm-ar-15」とか「ar するのかな？」ぐらいはわかるけど「15」ってなんだ？　みたいなコマンドが多く配置されていることに気付きます。「awk '{ print $3 }'」を「col3」で出力できるのを見ると、最近はシェルのエイリアスじゃなくてスクリプトとシンボリックリンクで便利コマンド作るのが流行りなんだな、とわかりますね。 **SD**

● 今日のコマンド

```
cat
```

今日のコマンドは awk です。作中にも出てきました。作者の頭文字をとってコマンド名にしたスクリプト言語です。最近、awk を使おうとするとうっかり「aws」って入力してしまうようになりました……。

> **to be Continued** ....
>
> 「コマンド名を作るのって難しいなぁ」と仕事で使う小さいスクリプトにすら悩むので、OSSとして公開してるツールや、システムに組み込まれる可能性のあるツールを作ってるヒトたちはスゴイなぁと尊敬します。そういうコードを書く能力もですが、命名スキルもってことで。他人になんて読まれるかってのも検討課題になりますよね。短く、直感的にわかりやすく、口に出しやすいのが理想かと思ってはいますが、実践できてません。ちなみに、私がナンて読むのかいつも忘れるコマンドは fcitx です。「ファイティクス」と読むそうです。綴りも忘れるので補完機能なしでは入力できません。ええ、Input Method なのでコマンドする機会ないですね。

ラッキーナンバー？

計らずにやってくる数字って楽しいですよね。特に考えずに支払いして帰ってきたお釣りの金額等ですが、最近は交通系ICやQRコード決済を利用することが増えて「おつり」をもらうタイミングがなく、この楽しみを味わえなくなってる気がします。銀行の整理番号も同じように計らずに受け取る数字ですが……最近はスマホのアプリで振込したりするのでこの楽しみを味わるタイミングが減ってる気がします。世の「計らず数値」は絶滅危惧種なのでしょうか？　そこまで心配することではありませんね。

本題ですが、先日家族と帰省した際にはまった渋滞で「計らず数値」を楽しめました。周りにいる車のナンバーの4桁の上と下の2桁を足し算する遊びです。小学生低学年の子供がいたので盛り上がりましたし、眠気覚ましにもなりました。

よろしければみなさんもどうぞ。**SD**

● 今日のコマンド

```
numfmt
```

今日の便利コマンドは numfmt です。2013年に GNU Coreutils に収録された数値の整形ツールです。KB（キロバイト）と KiB（キビバイト）で人間が読みやすくする出力するなど、ちょっと便利なコマンドです。

to be Continued

自動車のナンバープレートの下4桁を有料で選択できるサービス「希望ナンバー制度」が始まったのは平成9年。数千円で好きな番号（希望が多いものは抽選）を得られるので結婚記念日や誕生日を付けたり、ギャンブラーのゲン担ぎに利用されているようです。最近「8008」のナンバーが多いなぁと思っていたら「エンジェルナンバー」という不思議なブームが来てるせいらしいです。ナンバーといえば、ITエンジニアとしてウェルノウンポート番号のナンバーを携帯電話で撮影して蒐集しようとしましたが、全然出会えなくて1週間で諦めたことがあります。全然Linuxと関係ない話になってますね。みんなの好きなポートは何番だい？（聞いてどうする）

ねんどまつ

　このマンガのネタを考えてた時は「男気溢れるコマンド実行」をテーマにしてたのですが、いつの間にか「後先考えないコマンド実行」になってました。「男気溢れる」と「後先考えない」って同意なんですね。……たぶん違うな。

　本題ですが、このマンガの歌ってる人のモデルがデーモン小暮閣下で、彼がボーカルで参加しているバンドが「聖飢魔II」という……。「せいきまつ」と「ねんどまつ」をかけたダジャレのつもりでした。**SD**

● 今日のパッケージ

```
daemontools
```

今日のパッケージは daemontools です。djbdns や qmail などの開発をしたダニエル・ジュリアス・バーンスタインのサービスを安全に稼働するためのコマンド集です。そうです「デーモン」から daemontools です。何？　悪い？

to be Continued ・・・

　そろそろ桜が咲いた、今年度は新人が何人来るとか、誰々が異動という話の時期ですね。一部では年度末進行真っただ中で大変な方もいらっしゃるでしょう。人は切羽詰まると特異な行動をとるとのこと。年度末のような高ストレス状態では自己破滅型行動をすると聞いたことがあります。定期テスト直前に部屋の掃除をしたくなるのと同じです。ヘンだと思ったら、とりあえず両手を伸ばして深呼吸です。さすれば解決策が見出せます。人にもやさしくできます。稼働始まってからのサポートが、とか考えるのダメです。それでも生きていかざるを得ないのですから！　つうか、こういう衝動って年度末に限らず起き……起きません！　出ませんにょ！（動揺してる）

第4章

蕩佚簡易　2017年

第4章

蕩佚簡易　2017年

黒い画面は仕事中？

　コンピュータの画面と言えば黒い画面に白い文字が表示されてて、コンピュータから印刷されてくるものと言えば白く細長い紙テープに穴が無数に開けられてる。そしてその紙テープを見て「なんだと！？」というモノだと思っていました。1970年代生まれの著者としてはマンガやアニメに出てくるコンピュータってディスプレイがないくせに紙テープは普通に使ってましたよね。記憶違うかな。ディスプレイなしでコンピュータに話しかけるのが普通だったので、紙テープはおいといても当時のマンガ家やアニメーターなどのクリエーターはちゃんと夢を持って作ってたんだなーと思います。

　本題ですが、黒い画面に白い文字で仕事をするのが気持ち的に楽です。だって、後ろにお客さんが立って見てても画面の文字を追いかけられないでしょう。ファイル消しちゃってたり上書きしちゃってても「あれ？　変だな。」で修復作業できちゃいます。……いや、冗談ですって。やってないですって。**SD**

● 今日のコマンド

```
w3m
```

今日のコマンドは w3m です。w3m コマンドは伊藤彰則さんによって作られたテキストベースの Web ブラウザです。リッチな Web ページでなければ w3m で見るのは心が落ち着きます。画像ベースの広告も見えないし。使い方は w3m コマンドに見たい Web サイトの URL を引数として渡すだけ。簡単ですよ。

to be Continued ....

　仕事してるフリならターミナルの黒い画面が一番です。黒い背景にグレーな文字、9ポイントぐらいの文字サイズなら上司に背中取られてもコマンド打っているのかログを見てるのか SNS を見てるのかもわかりません。w3m というターミナルで使えて画像も表示できるブラウザがありますが、サボるのには便利ですぜ！　ブラウザのカラー表示も Vim と思わせられくて、コツは、screen や tmux などのターミナルマルチプレクサの使い方を覚えて、一方は Vim、一方は w3m を使い、上司が来たときに Vim 画面に切り替えれば良いんです。ここまでくればターミナルから離れられませんね！　仕事してないってことは成果は出ませんよ？　え、……当たり前じゃないですか！

089　Software Design Plus

困った時は

　2017年2月（日本時間）、GitHubのようなソースコード開発サイトを運用するGitLab.comがデータベースファイルを削除してしまい、バックアップも手段のほとんどが有効に動作しておらず、瀕死の状態から奇跡的な復旧ができたという事件がありました。この連載はなるべくタイムリーなネタは扱わないようにしてたのですが、こればっかりはイジるしかないよなーとマンガにした記憶があります。

　本題ですが、GitLab.comは復旧作業をライブ配信してたんですよ。なんというか、OSSの人たちは開放的すぎやしないか？　って思いましたよね。 **SD**

● 今日のコマンド

```
git
```

今日のコマンドはgitです。GitLabが壊れるのも困りますが、GitHubが壊れたら……怖くて想像したくないですね。gitの使い方はマスターしておいたほうがいろいろ人生楽だぞ。

to be Continued ....

　GitHubライクなリポジトリ管理サービスを提供している某サイトが、DBのレプリケーションを再構築しようとしたら、誤ってマスターDBのデータを削除してしまい、用意されていた手順で復旧を試みようとしたが、複数あったバックアップがすべてエラーで機能していなかった、という事件がありました。最終的にはLVMのスナップショットで、数時間分のデータロストはあったが復旧したとのこと。この話題を聞いたら他人事じゃねぇ……って各所チェックしましたね。バックアップは取ってるから大丈夫、って思っても、実際にリストアを試みたらエラーになる話もあるので、バックアップ確認だけでなく、リストア試験もやりましょうね。ああ、怖い怖い。

第41回 2段階認証

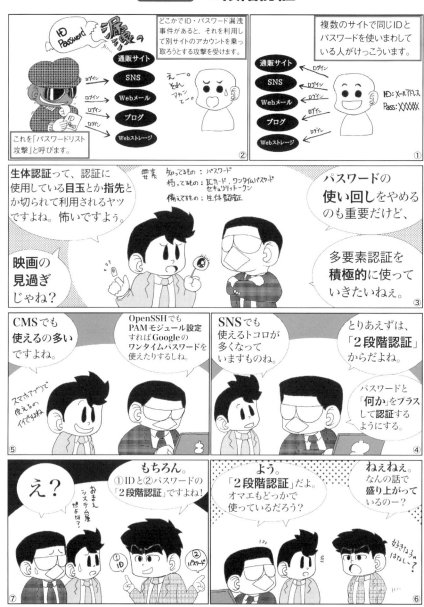

2017年7月号

（注）あんまりマンガと関係ない煽り文ですね。今読むと、申し訳ないなぁ。

2 段階認証

　最近は「MFA」とか「多要素認証」と呼ぶことが多いかも。最初は 2 段階認証と言ってましたし、今でも使ってる人がいるのも知ってます。普及しましたよね。携帯メールや SMS に認証コード送って来るので入力しないとログインできないっていうしくみ。スマホで銀行アプリを使ってたりするならこのワンタイムパスワードや生体認証は使ってないと不安で不安でビールも 3 本しか喉を通らなくなります。500ml 缶ですよ。今ではワンタイムパスワードアプリも普及しましたし、スマホに生体認証がついてるおかげでそれをもって認証することも多くなりました。Yubico などのキーデバイスを使うことも増えました。SMS やワンタイムパスワードより指紋やキーデバイスのほうが使いやすいし楽ですね。

　本題ですが、生体認証の「顔認証」でマスクを着けてても認証が通るっていうのがいまだによくわかってません。あれはマスク部分を補完しているんでしょうか？　双子や似た親子でも普通に通るのにマスク部分を「マスク」しても認証可能ってのはちょっと疑問です。**SD**

● 今日のコマンド

```
passwd
```

　今日のコマンドは passwd です。パスワードを変更するのに使ったことありますね？　passwd はインタラクティブ（会話的）にパスワード変更できるのですが、RPM 系ディストリビューションの passwd コマンドには --stdin という標準入力からパスワードを入力するオプションがあります。スクリプトなどでパスワード変更するのに便利ですね。Debian 系では chpasswd コマンドを使うと似たようなことができますよ。

to be Continued

　パスワードリスト攻撃の被害が後を絶ちません。防衛策は、パスワードの使い回しをやめること、多段認証を使うこと。OpenSSH サーバでも Google ワンタイムが使えるのを最近試しました。SNS や CMS、Web ストレージ等でも利用できるので積極的に使いたいですね。いつぞやの芸能人チョメチョメ画像漏洩もパスワードリスト型攻撃が原因だったと聞きます。ちゃんと対策しないと、次はアナタのチョメチョメ画像が世に放たれるかもしれませんよ。「"チョメチョメ"が古い」と指摘している前に、アナタのアカウントが本当に大丈夫か、パスワードを使いまわしてないかちゃんとチェックしましょうね！　自分のアカウントは自分で守る！　ダディとの約束だぞ！

第42回 新人配属キタコレ

2017年8月号

（注）担当は、わりとお笑いが好きなんですが、この元ネタは、サンシャイン池崎さんをオマージュしていますね。

新人配属キタコレ

このマンガの連載で、4月号は新人研修や配属ネタをよくやってました。季節ものですしね。新人でよくある「案件」を扱ってましたが、実は著者はあんまり新人担当したことがなかったのですよね。なので全部想像です！ありそうだな、ってのを扱ってたので新人に限らずあり得る話なんですよね。何が言いたいかと言うと、初心忘れるべからずです。

本題ですが、新人さんの気になるところは「なんでそうなったか」を本当に気にしないところでしょうか。mv はなんでそのコマンド名になったか、ってあまり気にしない人が多い気がします。あ、これはフィクションとかじゃないです。とりあえず「これをやるには mv」みたいに覚えてる人がいます。確認しても「mv って文字列を使えばいいんでしょ？」って言われます。なんかすごいなーってオジサンは思います。**SD**

● 今日のコマンド

> extundelete

今日のコマンドは extundelete です。
ext2 ext4 ファイルシステム上の rm で消しちゃったファイルを復旧できるかも、なコマンドです。消した後時間が経ってしまうと復旧できる可能性が減るので気を付けましょう。あと、最近一般的な xfs では使えないので気を付けましょう。
ファイル消すのも大変なんですよねー。

to be Continued ....

そろそろ研修上がりの若者が、皆さんの部署に配属された頃でしょうか。初々しいことでしょう。若々しくて勢いがあるでしょう。勢いよすぎてコマンドを確認せずに Enter しちゃってトラブルとか起こしちゃうでしょう。ちょっと前まではみんなあんな感じだったのに、今はスレちゃって……ねぇ。若者にとって、失敗は成長の糧です。ちょっとぐらいの失敗は笑って対応、チョチョイのチョイで直してあげれば「頼れる先輩」アピールできますし、新人も育ちます。デキる・バイブスアゲアゲな先輩になりたいですね。新人だけじゃなく、老害にならないように自分も成長しないとね。初々しい季節、あなたも使わず嫌いせずに新しいツールも積極的に試すのはどうでしょう。え、私ですか？　先月号の特集を読んで、今頃 Atom を使い始めました。えへっ。

キーワードは"宿題"

　この連載では初の、先月と同じ原稿を使うネタです。前と違うのは一番下の1列だけ、というね。新人教育でのアルアルは毎年繰り返されるネタを扱ったものです。このネタを描いた時は……日本人作家のラノベ『All You Need Is Kill』がトム・クルーズ主演で映画になったときだったかな。この映画作品はいわゆる「ループもの」と分類される作品です。主人公が死後に決まったポイント・時間で復活する。同じ時間を何度も繰り返すが、主人公に記憶が残っているため学習と試行ができて、最終的にはラスボスを倒せるというストーリー。私はこういうタイムトラベル・ループものが大好物で、平成仮面ライダーで言えば『仮面ライダー電王』『仮面ライダージオウ』はお気に入りです。余談ですが、別世界移動モノも好きで『仮面ライダー龍騎』の「ミラーワールド」や『宇宙刑事ギャバン』の「魔空空間」、『ドラえもん のび太の鉄人兵団』のミラーワールドもそそられました。ええ、本当にどうでもよいですね。

　本題ですが、こんな話を「涼宮ハルヒの憂鬱」の中で見てました。最後のコマの15498周目は「ハルヒ」の回数を踏襲しました。ええ、どうでもいいですね。**SD**

to be Continued

　子供たちはまだ夏休みですよね。暑い中仕事に出てる皆様、ご苦労様です。そんな子供たちの夏休みの終わりがすぐソコまで迫って来てます。一部のお父さんとお母さんは宿題の手伝いをする心の準備をしてください。夏休みの宿題の片付け方を思い出してみると、仕事の片付け方とそんなに変わってないのに気づきますよね。そう考えると、学校に送り込まれたあのときから「宿題」から「仕事」に名前は変わったけどナニかを片付ける日常を過ごす、無限ループに突入したとは言えませんか！　無理矢理あのアニメの話と関連付けようと思いましたがカスリもしないし、Linuxの話題も出ないので今宵はここまでに致しとうございまする。仕事爆発しろっ！

りなてえぴっく（Linux Team EPIC）

第4章 ▼ 蕩侠簡易 2017年

当時アニメ化されて話題騒然だった『ポプテピピック』をやりたかっただけです。本当にそれだけです。編集部は悪くありません、遊びたかった著者が……いいえ、編集部のせいです。編集部にやれって言われました。全部編集長のせいですー。『ポプテピピック』は原作マンガもインパクトあったのにアニメもチャレンジが詰め込まれ過ぎてて腰抜かした覚えがあります。

本題ですが『ポプテピピック』は、カオのパーツ（目と口）は全部のキャラクターが同じなのにキャラを区別できてたのにすごく驚いた気がします。どのキャラも顔のパーツが同じなのでどんな表情も同じなんです。髪型と顔の形だけで特徴あるキャラができるのはインパクトありました。ちなみに、「しかPパイセン」は著者がネットワークセキュリティに興味を持ってた時にお世話になった先輩（実在）ですが、まぁこの話はまた今度にしましょう。**SD**

● 今日のコマンド

    popd

今日のコマンドは popd です。シェルコマンドで、ディレクトリスタックから1つ取り出します。同じくシェルコマンド pushd で「pushd /var」とディレクトリ名を指定するとディレクトリを「ディレクトリスタック」に入れて移動します。続けて pushd でいくつかスタックに貯められます。popd でスタックに入れたディレクトリに戻れます。詳細は「man bash」で調べましょう。ええ、「popd」が「ぽぷて」に読めるなーってだけで選んだコマンドです。

to be Continued ···

ピピーッ。おっと、もうムダな ls はもう実行させねぇぜ。宇宙人探索分散コンピューティングにでも協力したほうがいくらか有益だ。ピピーッ。おっと、もうムダな sed は実行させねぇぜ。正規表現を理解してないから Try & Error し続けるんだ。しっかり覚えて、二度と失敗するな。ピピーッ。おっと、もうムダなスクリプトは書かせないぜ。似た機能のスクリプトばっか作りやがって。管理せずに作ってそのまま放置するから繰り返すことになるんだ。時間と資源は無駄にするな。……って新人のころに言われて泣いたことがあります。誰ですか、毎月このマンガが載ってるページが資源のムダづかいだって言ってる人は。本気で泣くぞ（被害妄想です）。

2017年11月号

（注）編集部の高齢化が進んでいますが、それにしてもポケベル世代は希少になってしまいました。

wall de talk

第4章

▼
蕩佚簡易　2017年

　どんな仕事でもコミュニケーションは重要です。ある時、データセンターで稼働している Linux サーバを設定してました。現地に1人、リモートで2拠点に1人ずつで共同作業です。データセンターにいる著者はこともあろうかラップトップ PC の電源ケーブルを忘れてしまいました。PC の電池が切れ、ネットにつながるのは黒いコンソールしかないサーバだけ。当時コミュニケーションに使っていた IRC でも（ラップトップが使えないので）会話もできません。そこで使ったのが、wall！　みんな Linux サーバにログインしている。それぞれが個別の Linux アカウントを持っている。全員にメッセージを一斉送信をし、会話ができました。

　本題ですが、会話ツールは複数用意しておくに越したことはありませんが、wall はめんどくさいですよ。あの時は日本語表示設定が現地でできずに難儀しました。会話は全部ドラクエの復活の呪文のようでした。今はスマホで slack も使えるし、Teams などのコラボレーションツールも使えるからこんなの必要ないかもだけど……あ、携帯電話の電波が入らないときは wall しか使えないかもね！ **SD**

● 今日のコマンド

```
wall
```

今日のコマンドは wall だからね。一度使ってみるとよいですよ。

◁ *to be Continued* ●●●

　ポケベル、CASIO の PHS での発信者メッセージ、MMS、写メール、ICQ、MSN Messenger、Twitter、Google トーク、Facebook メッセンジャー、ハングアウト、LINE……とメッセージを交換するプラットフォームを渡り歩いてきました（前の方を知ってるほどオッサン度が高い）。Linux サーバ内でも会話できるツールはいくつかありますが、その1つは wall コマンドです。ほら、shutdown するときに全部の端末に音と共にメッセージが来るアレです。同じサーバにログインして作業しているメンバー全員にメッセージを送るのに重宝するのでみんなも試してみましょう。ちなみに「mesg n」を実行した端末では wall メッセージを受け取らないようになります。

ほしいデーモン

Linux や Unix で動作する sshd や httpd などのデーモン。元は熱力学での架空存在「マックスウェルの悪魔」が語源である説があります。Wikipedia にも載ってましたし、以前私が読んだ本にも同じようなことが書いてあった気がするので多分本当だと思います。その本のタイトルも忘れちゃったんですけど。なんでも、熱力学で分子を良い感じにわけてくれる「存在」を「悪魔」と表現したことが「demon」となったとのこと（Linux でのデーモンは「daemon」と綴る）。「天使」と表現してくれたら「angel」になってたのかな、と思います。

本題ですが、「angel」だったら「ssha」、「httpa」になってたかもしれません。……daemon の「d」が末尾にあるほうが座りがよいように思いますね。

「daemon」でなく「angel」だったらプロセスを終了させるのも「kill」じゃなくて「heaven」とか柔らかい和らかい表現になっていたかも。あ、天使だから天国みたいな。ネイティブの人は「昇天」ってなんて言うんだろう。 **SD**

● 今日のコマンド

> chmod

今日のコマンドは chmod です。passwd でもよいのですが、Linux のコマンドにはデーモンではないけど「d」で終わるコマンドが意外とありますね。sed とか dd とか head とか。「d」が付いてるからデーモンって覚えちゃだめですよ（……そんな人いないか）。

to be Continued

すっかり浸透した感がある systemd ですが、その機能は init だけにとどまらず、crond や ntpd なども持っています。そのうち systemd って OS になりそうですね。「d」と言えばデーモン、常時稼働して必要なときに通知やメッセージの発行を行ってほしいものが日常生活には溢れています。某通販サイトなどは定期的に消耗品を送るようにできたりしてデーモン化してるなー、と感じます。ボタン1つで商品が来ちゃうとか、もう依存しちゃいますよね。うん、すでに依存してますね。便利って、すごいですよね。筆者の環境ではそろそろ「花粉症デーモン」が起動します。コレ動かないほうがいいんですが、メンテナンスしてないわりにはちゃんと動くんですよねぇ（涙）。

特別挿絵　ITエンジニアの日常②

第 **5** 章

2018年

慎始敬終

第47回 スマートスピーカーでコマンド入力

2018年1月号

（注）スマートスピーカー事業はどこもあんまりうまくいってなくて、ビジネスってムズカシイなと思います。

第5章

慎始敬終　2018年

スマートスピーカーでコマンド入力

　スピーカーという立場で家庭に入ってきて、いつの間にかエアコンやテレビなどの家電操作にも一役買ってくれるようになっちゃって、もう離れられない存在になってしまっているご家庭も多いのではないでしょうか。そう、スマートスピーカーです。我が家もです。Google Home から始めて、Amazon Echo も導入しました。家族も、とりあえず知らない単語や用語があるとスピーカーに聞いてみるようになりました。天気予報を答えてくれたり、ちょっとした質問を Web から答えを探して答えてくれるスマートスピーカーを見ていると、かつて日本中で話題になったロボット犬がいたことを思い出します。今考えると、あのロボット犬の存在意義って何だったんだろうと思いますよね。犬らしくは動くけど天気予報も言わないし、通話もさせてくれない。スピーカーと犬をそもそも比較するのがおかしいのでしょうが、当時は犬ぐらいしかできなかったのが、会話ができるデバイスが出てくる時代になったということかなと勝手に納得しました。

　本題ですが、作中の「箱」のモデルは 2017 年に放送されていた「仮面ライダービルド」に出てくる地球外生命体・エボルトが、惑星を滅ぼす際に使用する「パンドラボックス」でした。ええ、どうでもよいですね。**SD**

● 今日のコマンド

```
cat
```

今日のコマンドは、犬の話題も出ましたので「cat」コマンドでいきます。cat コマンドは「concatenate」の略で「連結する」という意味です。man にも「ファイルを連結したり、標準出力に印字する」とあります。なんで「con」にしなかったんだろうという疑問は置いておきます。

to be Continued

　音声に反応して天気予報とかニュースを話したりイロイロやってくれるスマートスピーカーがスゴイらしい。会話が筒抜けになるんじゃないかって心配はありますが。音声認識デバイスが出回るとやっぱりちゃんと聞き取ってくれるのか試したくなるもの。とは言え、スマートスピーカーどころかパソコンを音声で操作する時点で Linux コマンドで喋りかけるワケないよね。柔軟に「ファイル作って」とか、「もうやだ！　データベースもアプリも何もかも消して！」とか、「5km 以内に住む A 型、蛇使い座、170cm 以下、名前は平仮名で 3 文字、最後の文字は " 子 " じゃない、オレに気がある女の子のリストを出して！」とかリクエストするんですよね？　できそうだな……。

第5章

慎始敬終 2018年

年度末症候群

　年度末の話ではなく年末の話で、年末調整の書類作成が今すごく楽です。最近は会計補助システムを運営している会社も多く、Webインターフェースで年度末調整書類を作れます。本当に楽に入力できて助かります。「昔はこうだった」と老害力を発揮するつもりはないのですが、手書きの年末調整書類が本当にツラくて辛くて。手書きの何がツラかったって、合併とか合併とか合併とかを繰り返して超絶長くなった保険会社の会社名を記入することでした。お前らの経営の都合で合併したのは百歩譲って許すとして、顧客の年に一度の記入への配慮は合併した双方の「名前を残す」というプライドのために無視をするってのは許されるものじゃないんですよ。保険証書もスマホで撮影してアップロードすればよいんですよ。もちろん原本は送付するんですけど。合併後にまったく関係ない名前に変更したあの銀行がうらやましかった。

　本題ですが、年末調整、確定申告とか個人担当の書類は誰も手伝ってくれないので本当につらいですよね。っていう愚痴です。あらためて言わなくてもわかるか。**SD**

● 今日のコマンド

> date

今日のコマンドは date です。年中、「今」を感じられるコマンドです。年末も年度末ももちろん使えます。私のお勧めオプションは、比較的私の好みのフォーマットで日付を表示してくれる「date +%F」です。

◁ *to be Continued* ••

　確定申告や、年度末書類、来年度対応開始の皆様、おつかれさまです。労働者として、しょうがなく書類処理もしますが……コレ、結構ツラいですよね。普段と違うことしてるから、というのがストレスなんでしょうか。「これはテストデータだ」って言い聞かせたら作り続けられるのにね（嘘だな）。「生活」とか「次の仕事」にかかるプレッシャーがあるんですかね。とはいえ、ご飯を食べるために僕らはしょうがなくそういう帳票を作るわけです。そういえば、年末調整の長い保険会社名や保険名を「手書き」させられる扶養控除や保険料控除の書類っていつになったら電子申請になるんですかね。あれこそマイナンバーでなんとかならないのかな。

第5章

慎始敬終　2018年

もしかしていれかw

　映画『君の名は』を鑑賞した後に「入れ替わり」をテーマに描いた作品です。この時はキーボードやデスクトップ、稼働系と待機系というよくある「入れ替わり」を扱いました。デスクトップが入れ替わってるって、Xクライアントが変わったの？　共有Xクライアントでユーザー名が似てる状況で間違えたの？──ぐらいしかない苦しいネタだなとは自覚してましたが、押しきっちゃいました。今ごろでネタにするとしたらBluetoothヘッドセットの接続先が入れ替わってるとかでしょうか。

　本題ですが、コラムに書いた「亡くなった妻が、中年男の中に入って帰って来る」話は阿部潤先生の『パパがも一度恋をした』という作品です。2020年にはTVドラマにもなってます。**SD**

● 今日のコマンド

```
chsh
```

　今日のコマンドはchshです。Linuxはいくつかのシェルが使えます。標準はbashですが、zshやtcsh等も使えます。利用するシェルを変更するのにchshが使えます。chから始まるコマンドは「なにかを替える」コマンドなのですが、システムを見ると「ch」がから始まるコマンドが多いのに気づきます。chcpuとかchmemとかchoomとか、manを見ると「本当に動くの？」というような機能があったりで、おもしろいですぞ。

◁ **to be Continued** ‥‥‥‥‥‥‥‥‥‥‥‥‥‥‥‥‥‥‥‥‥‥‥‥‥‥‥‥‥‥‥‥‥‥‥‥‥‥‥

　交差点等でぶつかった人同士、一緒に階段を転がり落ちた人同士で入れ替わることが多発するらしいです。先日、2016年の映画『君の名は。』を遅ればせながら鑑賞しました。なんのトリガーもなく人と入れ替わるって怖いですよね。そりゃ「夢だ！」って思うわー。観た後、属人的になってるタスク担当の人と入れ替わったりしたらどうしよう。誰かが私と入れ替わって、このマンガがすっごくおもしろくなってしまったらどうしよう、と勝手に悩む2本立ての夢を見ました。入れ替わりと言えば、亡くなった妻が、中年男の中に入って帰って来て、夫が苦悩するってマンガがおもしろかったです。私も納期直前だけ入れ替わってくれる人は募集していますよ。

ロボットと私 - 成り上がれ IT 業界！

　ドローンと AI で何かネタを、と思ったのです。ロボットの上に AI が載ってることを予想するのがフシギじゃない時代になってました。それならば庶民的に、IT エンジニア風におもしろくしようと思ったのですが、思ったより庶民的すぎて著者自身の庶民レベルを実感しました。

　本題ですが、現金風呂と言えばよく雑誌の「モテるグッズ」広告で万札風呂に入ってる写真とかありますが、著者としては高木ブーの 1 円風呂です。「ドリフ大爆笑」という番組で、大量の 1 円に埋もれる高木ブーのシーンもあったのですが、1 円 1g と考えても相当な重量になっただろうにとコントの撮影を心配したものですが……同じ 70 年代出身のメンバーに聞いても見たことがないと言われました。あれ？　そういうコントあったよね？

　今日の勉強ポイントです。みなさんのお風呂の容量を調べましょう。容量がわかると重量がわかります。1 円は 1g とするので、そのお風呂の重さがわかります。ええ、誰も得しない知識です。お風呂を 1 円で埋めるって、どんな富豪だよ !? 🆂🄳

転生したらプロセスになってた

ラノベを読んだことがあまりないのです。ラノベとして読んだのは『All You Need Is Kill』ですかね。トム・クルーズが主演で映画になったラノベ原作の作品です。いや、別に「ラノベだから読まない」とかではなく、特に読もうかなと思わなかっただけです。前から気になってたのですが、ラノベのタイトルが長すぎないですか？「転生したらプロセスになってた」「転生したらキーボードのキーになってた」的な。ネタにできないかなと捏ねてみたけど夢ヲチにしか片付きませんでした。

本題ですが、親プロセス・子プロセス・ゾンビプロセスとか「プロセス殺す」とか言うけど、実はわかりやすい表現だなって思います。これが「元プロセス」「派生プロセス」「涅槃プロセス」「スリラー」とか言ってたら……わかんないよねぇー。**SD**

● 今日のコマンド

```
kill
```

今日のコマンドは kill です。プロセスを「殺す」から kill ではなく、シグナルを送るコマンドとして kill は存在します。哲学でしょうか？

◁ *to be Continued* ....

fork(2)で子プロセスを作ると親プロセスになれます。親の出来が悪くて、子の終了前に親が終了するとプロセステーブルに残骸が残ります。これがゾンビプロセスです。プロセスを終了させるのに kill コマンドを使うことから「親も子供もまとめて殺せ」と言うことが多々あります。多々ありますよね？　某 SNS だったらアカウント凍結されるぐらいありますよね（まわりに聞いたらそんなにない、と言われたからちょっと自信ない）。普通のゾンビだったらいなくなった親の代わりに init が親になり回収してくれますが、もっと出来の悪い親だと高負荷ゾンビが跳梁跋扈することもあるので気をつけましょう。プロセスも人間も、親も子もそれぞれ大変ですね。

転生したらキーになってた

　前回は「転生したら」シリーズでやってみたのですが、すっごくおもしろいのができた！って思ってました。その後見ると……イマイチだった気がします。2024年の今、まだ発売されるパソコンにはキーボードが付いてます。もうすぐキーボードもタッチパネルになってる可能性もありますね。そうなったらもうこんなネタは理解されません。時が経っても不変なITネタなんてもうないのかもしれない。何をネタにしても昔話になってしまう。「基盤に虫がいたことで起こった不具合」という「バグ」みたいな話です。あ、保存ボタンのアイコンは3.5インチフロッピーディスクなのは変わりませんね……。あ、ミーティングを終えるのに使うアイコンは、イマドキ使ってるのか？　な「受話器」です。みなさんUIの変更は考慮されてないのですかね？

　本題ですが、進化の激しいITマンガって難しいですね。**SD**

● 今日のコマンド

```
setxkbmap
```

今日のコマンドはsetxkbmapです。キーマップを設定するコマンドです。あれ？　もしかしてwaylandになったらなくなってる？最近キーボードの設定する必要ないぐらい設定ツールが便利なので気付いてないかも……。

> **to be Continued** ....

　スマホやタブレット端末の普及で、これからコンピュータで仕事をする人はキーボードを使わずに書類作成することが当たり前になるそうです。PCの画面もタッチパネルが当たり前になってるので、キーボード無しの入力環境の構築は難しくないでしょうが、実際に使うのはたいへんそうです。ところで、キーボードの掃除してますか？　専用工具でキーを引き抜いて洗剤などで洗うと脂が取れるし、キーを外した後は本体に入り込んだゴミを掃除することができてとてもスッキリしますよ。一度外したキーをどこに入れるのか忘れたときは、Xを起動していればxevを起動してキーを押せばXのイベント状態を表示してくれるので配置がわかります。イライラした時とか、もうやることがないときにオススメです。フラットキーボードが当たり前になると掃除する楽しみもなくなっちゃいますね。

仕事の BGM は何ですか？

　2018 年に亡くなった EDM アーティスト Avicii をトリビュートしたいと思って作ったネタのはず。BGM は、昼間の本業中は東京の FM ラジオ局 J-Wave をかけています。夜にしかたなく作業する時は Youtube で「metallica ライブ」とか検索してライブ音源を流したり Amazon Prime Music のプレイリストを適当に流してます。なかでも EDM のプレイリストは重宝します。テンション上がるし、筆も進むのでおススメです。

　本題ですが、EDM ってデスクトップ環境なかったっけ？……と思いましたが Enterprise Data Management ばっか出てきてデスクトップは結果に出てこなかったことを現場からお伝えします。**SD**

● 今日のコマンド

```
rhythmbox
```

今日のコマンドは rhythmbox です。Linux の音楽再生ツールです。まだインストールできるから MP3 ファイル再生に使ってますが、最近はもっとよいツールがあるのでしょうか。

to be Continued ∙∙

　アップテンポな曲で気分をアゲると爽快に手が動いてコーディングが進んだり、静かな曲で集中しないとデバッグできなかったり、雨の音や風の音などのナチュラル音で考えごとしてるフリして寝たり……。作業時の BGM は進捗や効率に影響しますよね。私は雑食系なので Amazon Prime の「プレイリスト」や Earbits などを流したりしてます。あとはもともとハガキ職人だったのでラジオですね。動画サイトで「作業用 BGM」と検索するのも長くて途切れないのが多くて便利ですよ。ランニングなどで外に出るときにストリーミングを使うのは転送容量が気になりますね。そこは音だけ抜きましょう。「youtube-dl -x --audio-format mp3 動画 URL」で MP3 ファイルに保存できますよ！

第5章

慎始敬終 2018年

バックグラウンド

　コラムにも書いたのですが、新卒の時（1999年）に触ったLinuxシステムがサーバ用途でX Window Systemを動かしてないコンソールだけのものでした。しかも仮想コンソールを無効にして。セキュリティのためだと先輩は言いましたが、「マルチプロセスのシステムなのにどうやって複数プロセスを起動させるんだよ！」って先輩に聞いたら「bgとかfgとか使えよ」って言われたんです。

　本題ですが、コンソール画面でbgやfgでジョブコントロールして仕事してる先輩が超カッコよく見えたんですよね。たぶんコマンドラインにハマったのはココなような気がします。**SD**

● 今日のコマンド

```
jobs
```

今日のコマンドは jobs です。ジョブ制御ぐらいできないで何が
Linux/UNIX 使いか、と w。

to be Continued ....

　新人のときに、引き継ぎして担当したシステムは、仮想コンソールを1つしか有効にしてありませんでした。仮想コンソールとは、[Alt] + [F1] ～ [F6] を押すことで切り替えることができるテキストターミナルで、Linuxは標準で6つ用意されています。当時、シェルでのジョブ切り替え方法を知らず、コンソール1つでどうやって複数コマンド実行するの？って先輩に聞いたら「それはfgとか使え。あとman見ろ！」って言われました。調べたら超便利な機能に感動したのを覚えています。ちなみに、「&」をコマンドの行末に付けると最初からバックグラウンドで動かせます。「&」は知ってたのですが、fgやbgで切り替えられるのとは異なる機能だと思ってました。

123   Software Design Plus

第55回 次世代コミュニケーションツール

2018年9月号

（注）https://www.so-net.ne.jp/postpet/

次世代コミュニケーションツール

第5章
慎始敬終 2018年

2024年現在、メーリングリストはすっかり寂れ、IRCもslackやdiscordに置き換わり、コミュニケーションもLINEやInstagramなどのSNSになってきました。時が流れて道具も進化するものです。利用するツールも変わりますよね。わかってますし、まぁ私も使ってますしね。

本題ですが、ジョークRFCといえば、鳩やせんたくばさみの他にコーヒーポットもあることをチェックしておこうな（https://datatracker.ietf.org/doc/html/rfc2324）。**SD**

● 今日のコマンド

```
pidgin
```

今日のコマンドpidginです。インスタントメッセンジャーというツールがあり、メールやLINEのようにメッセージをやりとりできるものでした。その1つがpidginという「鳩」の意味があるツールです。当初GTK + AOL Instant Messengerという名前だったのですが、当時あったアメリカのプロバイダAOLに訴えられてgaimに名称変更、その後でまたAOLが持つ商品AOL Insternet Messenger（AIM）が名前に含まれてるからと訴えられてpidginになりました。このツール、しばらく使っていなかったのですが、今はLINEもサポートしているそうです。微妙に息が長い！

◁ **to be Continued** ....

　インターネットを構成する重要なドキュメントとしてRFCがあります。RFCはIETFというインターネットで利用する技術標準を策定するグループの成果です。WebのHTTPや、メール転送のSMTPなど、インターネットの根幹になる技術情報はRFCをベースにしています。このRFCに従って製品を作ることで、競合企業の製品を使っても通信ができるようになります。できない場合は使っている機材のどれかがRFCに従っていないので、「行儀が悪い」とユーザに避けられることがあります。そんな中に、RFC1149として「鳥類キャリアによるIP」というジョークRFCがあります。ほかにも「洗濯バサミでDHCP管理」するRFCもあるので、興味を持った方は検索してください。

125　Software Design Plus

第5章

慎始敬終　2018年

ゴミ箱

　GUI ではうっかり消しちゃうってあんまりやらかしませんよね？　まとめてファイル消した際にうっかりはあるかもしれません。ですが、あんまり事故になることがないような気がします。Linux の rm コマンドを使うときこそ、うっかりまとめて指定した「test_*.txt」でやらかしかねません。最近は rm コマンドで間違えてファイルを消すよりは、 Enter を押したつもり Back space を押してパワポの 1 ページを消すことのほうが多いと思います。

　本題ですが、ファイル移動コマンド mv をファイル削除コマンド rm のエイリアスにする、オプション -t と --backup を付ける、というのは新卒新人が設定してて「すげぇ」って思ったやつです。**SD**

● 今日のコマンド

```
trash
```

今日のコマンドは trash です。trash-cli パッケージに入っているコマンドで、ゴミ箱にいったん削除ファイルを退避します。こういうコマンド、普通にあるんだなと思いました。

to be Continued

　間違えて消しちゃったファイルに涙することはあっても、意図的に消したファイルへの思い入れなんてありませんよね。あんまり困ったことがないのは、rm でファイルを消しちゃうと復元するのめんどうくさい、ってわかってるので実行時に気をつけるクセがついてるのかしら。あと、NAS やバージョン管理の利用、クラウドへのファイル同期などで「うっかり」してもなんとかなっちゃいますしね。もちろん、気をつけるに越したことはないですが。調べたら rm に mv の alias してゴミ箱に入れる以外に、rm を置き換えて利用するパッケージがあるんですね。使ってみたのですが、trash-cli がよさそうでしたね。rm で困ったことがないのですぐ戻しましたが……。

1分が待てない

たしか『からかい上手の高木さん』を読んで描きたくなったネタです。そしてできたネタは全然「からかい上手」じゃないってね。とはいいつつ、この女性キャラが微妙に気に入ってまして、その後何度か出てきます。もちろん名前は考えてありません。システム構築や管理をしていると定期実行したいジョブを作ることがあります。そのジョブが動くまでの間の時間の潰し方に困ることがあります。トイレに行くほどでもないしなー、コンビニに行くほど時間ないしなー、腕立て伏せでもするかー。という感じ。ダブルチェックとしてペアで設定作業している時のこういう時間とか……なかなか気まずいよね！

本題ですが、cron は1分おきにファイルを読み込むのそろそろ i-notify 経由でなるべくリアルタイムで読み込むようにならんのですかね。あ、もしかして systemd-timer はそうなってる？ **SD**

● 今日のコマンド

```
crontab
```

今日のコマンドは crontab です。まぁこれだけ定期実行ジョブの話をしたんだからこのコマンドでしょう。コマンドの詳細は省きますが。

◁ **to be Continued** ⋯⋯⋯⋯⋯⋯⋯⋯⋯⋯⋯⋯⋯⋯⋯⋯⋯⋯⋯⋯⋯⋯⋯⋯⋯⋯⋯⋯⋯⋯⋯⋯⋯⋯⋯⋯

　定時処理をテストする際、cron で数分後の時刻を指定して待ちます。「待ちたくないし、今は10時10分だから10時11分を指定すれば……」と10時11分を crontab ファイルに設定すると、それは実行されません。cron は毎分、crontab ファイルを読み込むので、10分に書いた crontab ファイルは11分に読み込まれます。そのため12分からのコマンドしか対応できません。少なくとも2分以上先を指定しておいたほうがイイのです。2分先を狙うと、crontab を編集している間に1分過ぎて、また実行されないってことも。著者は5分先ぐらいを書くのですが……これが、地獄のように長く感じます。命がかかってるでもないなら5分は気楽に待てる心を持たないとですね。

第5章

慎始敬終 2018年

定期健診大事！絶対！

　健康診断が五月の大型連休の後か、お盆休みの後に設定されることが多かったんですよね。大型連休に飲まないわけないじゃん！ってところで事後検査されるわけですよ。事後報告にかけた言い方ですけど、どうでもいいですね。そして行くところまで行くと「いつもの姿を見てもらうのが健康診断！」と健康診断前日も普通に、開き直って過ごすわけです。結果は毎年再検査。特に尿酸値。幸い、まだ痛風症状は出ておりません。多分、トライアスロンやマラソンを趣味にしてるからスポーツしているためだと思います。

　本題ですが、カラダもシステムも「普段の姿」で健康が一番ですよ。**SD**

● 今日のコマンド

```
systemctl status
```

今日の健康コマンドは systemctl status です。ちゃんとデーモンの健康診断もしましょう。最初のステップは systemctl status です。

◁ **to be Continued** ･･

　恥ずかしながら、私は毎年健康診断で再検査判定されています。おもにコレステロール。去年までは尿酸値も対象でしたが、今年は免れました！　トライアスロンを始めて運動習慣がついたからでしょうか。でもコレステロールは手強い。運動しているのに医者に運動を勧められる始末。来年は再検査にならないようにしなければ。カラダもですが、システムの定期検診も大切です。緊急性のないアップデート以外は年に数回診断するタイミングを用意して、直前に適用できるといいですね。溜め込み過ぎて適用し忘れて数年後に「あの脆弱性が今頃！」って話題になることもありますからね。うん、定期検診やらねば……。もう年明けでよくねー？（ダメなパターン）

131　Software Design Plus

Date ワープ〜タイムマシンにお願い〜

　IT 業界も長いといろんなサービスが生まれ、そして廃れてサービス終了というのはよく見てきたものです。Google さんは、著者が絶賛利用中のサービスとか平気でサービス停止しちゃうからね。引き際良すぎだろ！　今、みなさんが普通に使ってるようなサービスも生まれてきたのは実は 2000 年以降。あれ？　もう 20 年前か。よくサービス提供してるじゃん。最近、長生きサービスで思うのは、マンガが長生きしすぎじゃないかという IT とまったく別の話。著者が少年時代に夢中になってた『キン肉マン』は最初のエピソードは 36 巻。『Dr. スランプ』も 30 巻。今は『ワンピース』とか余裕で 110 巻に行く勢い。真面目に 2 世代・3 世代で読む作品になりつつあります。IT サービスも 3 世代でほんわか・ゆるふわで使いたいんですけどね。

　本題ですが、サブタイトルの『タイムマシンにお願い』は 1974 年にリリースされたサディスティック・ミカ・バンドの楽曲名です。**SD**

● **今日のコマンド**

```
date
```

今日のコマンドは date です。今の日時をちゃんと把握して、自分が何を観てきたかを把握するともう少し時間の流れを感じられるかもしれません。

ひみつのLinux通信　*134*

気軽にポイっ。

　昨今、使っては捨てるのが多くなった気がします。前からあった現象ですが、この頃顕著に多くなった気がします。使い捨てと言えばカイロ。使い捨てと言えばカメラ。使い捨てと言えば従業員……ゴフンゴフン……いや、なんでもない。検証用 PC で OS をインストールしては検証して消すというような使い捨てはよくありましたが、仮想マシンやコンテナの普及でこれまでも使い捨てが横行するとは。そのうちコンテナの、仮想マシンの怨念が人類を襲うのではないかと恐々としております。ええ、冗談です。

　本題ですが、めっちゃ大切な仮想マシンがあるならちゃんとバックアップイメージはとっておいたほうがよいぞ。おじさんとの約束だよ。**SD**

● 今日のコマンド

```
docker build
```

今日のコマンドは docker build です。build できる環境があれば環境は作れるはず……。そんな思いです。

◁ **to be Continued** ....

　コンテナや仮想マシンなど、手軽に構築できる環境が整っています。職場や自宅、クラウドで作っては捨てる、作っては捨てるが気軽にできます。便利ですが、ちゃんと管理できてますか？　職場で個人的に使ってる仮想環境があります。先日、法定停電がありシャットダウンしたら、「あのテスト環境どこで動いてたんだっけ？」「あのテスト環境の VM はなんて名前にしてたっけ？」「あのコンテナのデータって保存してたっけ？」なんてことが復電後に発生。自分の仮想環境が VM スプロールしてたことに気づきました。「スプロール」とは、無秩序に拡大していく現象を言うんですよ。最近覚えた言葉なので使ってみたかったのです。あはは、すみません。

第61回 対決！プログラミング少年団！

2019年3月号

（注）神童って言われた人って身近にたくさんいるんですが、みんな成長とともにスタンド能力を失うようです。

対決！プログラミング少年団！

眼鏡の子供 「あれれぇ？　おかしいぞぉ。おじさんは実行環境によるバグって言ってたけど、コンテナで開発環境と稼働環境を同じように扱えるならライブラリが足りないからバグが発生したなんて起こらないんじゃないかな」

オジサン 「え、あ、このガキ……いや子供にそんなこと言われても。俺はただシェルで入ってとファイル名をかえ……(ﾟдﾟ) ハッ!」

眼鏡の子供 「ライブラリのファイル名を変えたの？　オジサンが犯人だね」

　本題ですが、こういうマンガが受けてアニメにもなって 30 年続くような世界がもうそこに来てるんじゃないかな。**SD**

● 今日のコマンド

```
journalctl -f
```

今日のコマンドは journalctl -f。このような IT 教室をお手伝いする時はターミナル開いてこのコマンドでログをたれ流せば何かしてるように見えるので頑張って耐えましょう。

---

to be Continued ....

　2020 年度から小学校でプログラミング教育が実施されるそうです。身近な公民館や私塾での「プログラミング教室」という広告を見かけます。熱心な親御さんは、すでにお子さんをこういう塾に送り込んでるのでしょうか。子供たちもだいぶデジタルガジェットに慣れているようですし、何より柔らか脳味噌なので成長も速いことでしょう。子供たちが「コンピュータはよくわかんない箱」と逃げず、「情報」を効率よく扱えるようになり、「便利」と「安全」の両方も得られるようになると日本の未来も明るいでしょう。今の大人も負けぬように学んでいかないとですね。ところで、2030 年ぐらいには大学入試科目が古文・漢文・現代文・Ruby とかになるんですかね？

パーミッション！

第5章

慎始敬終 2018年

　Linux のファイルやディレクトリのアクセス権を変更する chmod コマンドへの指定は「u+x」のような文字とか「755」のような 8 進数指定ができます。文字指定するより 8 進数のほうが楽かな、と思うのですが 2 進数から 8 進数に変換する手間を考えると文字指定のほうが早いんじゃないかと思うのですが、私はまだ指を折ってます。

　本題ですが、「chmod -rw-r-r- hoge.txt」のような指定ができればもっと直感的に使えるのにって 20 年ぐらい前から思ってます。「-」が入ってるのが面倒とは思います。「-」の入った引数渡すなら「chmod --rw-r-r- hoge.txt」とするのがいいかな、でも絶対「--」入れ忘れるなとかね。**SD**

● 今日のコマンド

```
stat
```

今日のコマンドは stat。パーミッションを変更したら「ls -l」より stat コマンドのほうがファイルの情報が多くて確認にはよいと勝手に思ってます。文字数も 1 文字少ないし。

◁ *to be Continued* ....

　Linux 初学者がまず通る障壁は黒い画面とコマンドとファイルパーミッション、と相場が決まっております。パーミッションは、マルチユーザシステムでのファイルの読み書きや、実行権限を制限する、ファイルへのアクセス条件設定です。Linux でのファイルシステムではファイルの所有者（user）、グループ（group）、その他（other）にクラス分けされ、それぞれ読み込み（read）、書き込み（write）、実行（execute）を許可できます。ディレクトリの実行（execute）はディレクトリの中に移動して、中のファイル情報を得ることができます。所有者を user ではなく owner と覚え間違えて、o+rwx とかして大変なことになっちゃうんですよね〜。え？　あれ？　やりませんでした？……。

141　Software Design Plus

第5章

慎始敬終　2018年

分析新人！

　若い人の行動力ってすごいですよね。うち会社の新卒もあんなことしてそんなことになって入賞してブワーッですわ。著者の半分も生きていないのにそんなことできるの！？ ── って自分の生きてた時間を考えながら手のひらを見ること多々あります。でもね、無駄に生きてない。無駄じゃないはず。あの時の空気を知ってるのはあの時生きてた俺たちだけ。あの時を楽しんだのはオレ達だけ。若い子が経験していないことを、俺たちが苦しんだことを笑い話でつなげられていけばいいな。

　本題ですが、ちょっとした苦しい話だとアイツら調べて仮想体験してるらしいから気を付けたほうがイイぞ。PC は一度組み立ててみるのがイイと思います。プラモデルより PC のほうがいいと思います。**SD**

● 今日のコマンド

```
dmidecode
```

今日のコマンドは dmidecode です。自分の PC を見つめなおして他の PC も見てみよう！

to be Continued ....

　今年も春が来て、皆さまの近くにもフレッシュな新人が来たと思います。たくましく育ってくれるといいですね。「若者の○○離れ」なんてのを目の当たりにします。タバコ、酒、自動車、テレビはよく耳にしますが、最近気になるのは「プラモ離れ」でしょうか。かなりロボットアニメが放送されている認識なんですが、意外にも作ったことないという人が多いんですよ。小さい部品から目的の構造物ができるのってけっこうおもしろいんですけどね。ラジコンとかもないんです。作りたくない、じゃなくて展示・保存するところがないんですって。プラモを作ったことはないって言うのに、ラズパイ5台クラスタや、自作 PC で自宅ラックは作ったんですって。時代ですねぇ。

143　*Software Design Plus*

リモートで実行させて

　このマンガは連載時に時事ネタをなるべく出さないようにしていました。なぜって、ネタとして風化が激しいからです。ただでさえ日進月歩のITネタ、その時は当たり前のような技術話も翌年には「古い」と言われる業界です。時事ネタなんて、と思いましてね。とは言いつつ、どうしても話題に挙げておかないと思うことはあります。この話は、Webサイトに暗号通貨採掘（マイニング）スクリプトを設置することで、訪問者のブラウザが稼働するコンピュータのリソースを無断で使えることが「不正指令電磁記録に関する罪」に該当する、と検挙された「Coinhive事件」を扱っています。訪問者のコンピュータリソースを無駄に使うのはWeb広告にも目立ちます。暗号通貨採掘目的ではなくとも、広告を目立たたせることで広告料からのビジネスになるなら営利目的では同じじゃね？　などと議論になりました。この事件は、2018年に検挙、2022年に無罪となりました。

　本題ですが、技術の利用方法として普通に思えることも、立場が異なると邪悪に見られることがあります。みんなが幸せになる技術の利用と、みんなが幸せにならない規制にならないことを願うだけです。**SD**

● 今日のコマンド

```
tmux
```

関連するコマンドです。リモート接続したらとりあえずtmuxです！　最近はtmuxがscreenに置き換わって標準になっています。まだ移行してない人は準備しちゃいましょう！

---

to be Continued

　「Coinhive事件」では、Webサイトに設置したJavaScriptにより、閲覧者の計算資源が勝手に使われたことが不正指令電磁記録取得にあたると起訴され、話題になりました。犯罪として見られると思っていないことで逮捕されるというのは、さぞ絶望だったでしょう。「ssh ホスト名 コマンド」でログインではなくリモートホストのコマンドを実行すると「外部から計算資源を勝手に利用した」と言われるとか、ターミナルマルチプレクサを使って、リモートで長い時間処理のかかるコマンドを実行した後にデタッチしたら「計算資源を消費させて姿をくらました」なんて言われて、逮捕とかされちゃうようなディストピアにならないことを切に願っております。

特別挿絵 IT エンジニアの日常③

ひみつのLinux通信

第 6 章

2019 年

安居楽業

悟りました

　孔子の話で、15 歳で「志学」、30 歳は「而立」、40 歳を「不惑」、50 歳は「知命（ちめい）」。60 歳は、「耳順」。70 歳は、「従心」という有名なマイルストーンがあります。

- ・「志学」は学問で身を立てようと志す
- ・「而立」は学問の基礎ができて自立する
- ・「不惑」は心の迷いがなくなる
- ・「知命」は自分に与えられた天からの使命を悟る
- ・「耳順」は人の意見を素直に行くようになる
- ・「従心」は自分の欲望のままに行動するも道を外さない

　本題ですが、そんな私もちょっとだけ悟りましたね……人にかける迷惑をなるべく少なくして生きていこうと。そうやってシステムの適正化とか提案とかしてみると意外とうまくいくようになった気がします。**SD**

● 今日のコマンド

```
fortune
```

関連した今日のコマンドは fortune です。占いコマンドです。「フォーチュンクッキー」について由来を調べてみたら Wikipedia によると日本発祥でアメリカ人が作った文化と言うことを知ってちょっと驚きました（https://ja.wikipedia.org/wiki/ フォーチュンクッキー）。

to be Continued ･･･････････････････････････････････

　「悟り」とはもう少しカジュアルな「気付き」でもあります。しかし宗教的な境地に達したニュアンスで受け止めてしまいますね。いいんです、積極的に気付いて「悟った」って言っていきましょう。最近私が悟ったのとその結果は、「2TB も何に使うんだよ」って思ってた割にあっという間に90％の利用率になるストレージを見て「人は溜め込んでしまうもの」「スペースがあるととくに判別せずとりあえず置いてしまうもの」「削除思考停止に陥る」みたいなのでした。もちろんさらに大きい容量のストレージを買い増す結果に。もう個人用のストレージは容量を多くしないほうが世のため人のためじゃないかと思いました。みなさんは最近、何か「悟り」ましたか？

第66回 ls なんとか

2019年8月号

（注）ls コマンドも若い人はあまり使わんそうです。最近は。じゃあ何で調べているんだろう。

第6章

安居楽業 2019年

ls なんとか

手元の Ubuntu 22.04 環境で「ls タブ」してコマンド補完の結果を見ると……ls から始まるコマンドって結構多いんですよね。

```
$ ls Tab
ls          lsasrv.mof      lsblk       lshw        lslocks
lsmem       lsns       lsass    lsb_release    lsinitramfs
lslogins lsmod    lsof     lsusb     lsattr
lscpu     lsipc     lspci
```

ふと最近使った ls からのコマンドを思い出してみると……、「本家」ls と lsblk、lsof は使うことが多いのですが、lsmod や lsusb は使わなくなりました。クラウドでインスタンスを立ち上げてストレージのファイルシステムを作成する際にデバイスを探すのに lsblk、ポートを利用しているプロセスを調べるのに lsof は使います。最近は Linux カーネルがデバイス検知してモジュールを勝手に読み込んでくれるし、クラウドでは USB 接続する機器を使いません……。

本題ですが、環境にコマンドにも多用する傾向ってのが出るんだなぁということです。たぶん、若いとか古い UNIX ユーザーとかは関係ないかも。**SD**

● 今日のコマンド

> lshw

今日のラッキーコマンドは lshw です。dmidecode コマンドの置き換えに良いですね。ちゃんと firmware の Release Date も表示されるし。

◁ *to be Continued* ．．

シェルを開いたら、とりあえず実行するコマンドはぶっちぎり1位の「ls」（著者知り合い調査）。実は Linux システムの中に「ls」から始まるコマンド名がいくつかあります。作中に出てきたコマンド以外に、ファイルのロックを調べる lslocks、プロセス間通信（IPC）情報を表示する lsipc、EXT* ファイルシステム上のファイル属性を表示する lsattr など。ls コマンドを知っているので接頭語に「ls」が使われても不思議ではないですが、知らなかったら「ls イズ何？」って思いますよね。「ch」から始まるコマンドも探してみると世界が拡がりますよ。「rm」から始まるコマンドは意外とないのは、勢いあまって「rm」を実行しちゃうのを避けてるのでしょうか……。

151   Software Design Plus

第6章 安居楽業 2019年

妖怪何もしてないのに

　自然現象やたまに発生する「何か」を妖怪やモノノケのせいにすることはよくあります。IT業界では「相性がよくない」と片づける風習がありましたが、これも同じですよね。PC/AT互換機（あー、久しぶりにこの単語書いた）みたいな仕様が公開されている部品を使ってて「相性」を言い訳にすることがあります。2000年ぐらいからIT業界している人は多分心当たりがあるはず。「相性が悪い」のは、行儀良くない製品作ってるメーカーが悪いだけです。それを「相性」とか非科学的なものがビジネスの言い訳になるのはフシギですよね。

　本題ですが、作中の「妖怪何もしてないのに」が蟹の姿をしているのは「何」の部分が「かに」っぽいってだけでデザインしました。「妖怪カニもしてないのに」なんですね。今回はコマンドではなくLinuxネットワークドライバです。「カニ」の通称でお馴染みのtulipネットワークドライバは今でも多くの端末で利用されます。探してみましょう。 SD

● 今日のコマンド

```
ip
```

今日のコマンドはipです。ネットワークインターフェイスにIPアドレス、ルーティング、トンネル設定などを行えるコマンドです。ifconfigを使ってる時代もありましたが、今はipかnmcliコマンドで設定するのが一般的です。ネットワークデバイスを表示する際は「ip links show」と入力します。ipコマンドは使い慣れると超便利だと思うのですが、皆様の感想はどうでしょうか？

to be Continued ・・・

　社内ITサポートでも、ご家庭ITサポートでもよく見かける「なにもしてないのに壊れた」「なにもしてないのに動作が変わった」。やっかいですよね。忙しいときに限って遊びにくるので迷惑ですよね。たまに「なにもしてないのに直った」ってこともあると「本当に壊して部品交換しちゃおうかしら」って思いますよね。設定ファイルを書き換えているのに「なにもしてないのに変わった」と言う人がいましたが、図太い神経と毛の生えた心臓の持ち主だなぁと感心しました……が、これは妖怪のせいじゃないですよね。そういえば、「妖怪なにもしてないのに」は、「経年劣化」か「個体不良」が実体だって水木しげる先生が言ってましたよ。（嘘）

2019年10月号

(注) セキュリティ関係の著者さんの話だと、やっぱりゴミ箱をあさるそうです。そんなことをしていたら、レーザーポインターで狙われたことがあるって、武勇伝を語る方も。

後ろに誰か

　「誰かが見てる気がする」とか「視線を感じる」というの私も経験があります。なんでしょう、オーラーみたいなものでしょうか。どっちも非科学的なものなのですが、よく聞くし実体験としてあると思うので否定しにくいですね。あれ？　みなさんはないですか？

　本題ですが、コラムでのゴキブリを見つけて SD が近くにあったというネタはマンガ以上におもしろいなと思ったのは内緒です。**SD**

● 今日のコマンド

```
job
```

今日のあなたのラッキーコマンドは job です。⌈Ctrl⌋ + ⌈Z⌋ でバックグラウンドに回したジョブはちゃんと回収しないとシェルを exit できなくなっちゃいますよ。

to be Continued

　視線を感じたことありませんか？　「はっ」と思ったら後ろで人が自分を見ていた、とか。「はっ」と思ったら変な目で見ている人がバーカウンターの向こうにいた、とか。誰かがいるのは後ろだけではありません。マルチユーザのシステムでは同じ端末に誰かが、ファイル共有では同じサーバにアクセスする誰かが、クラウドではネットにつながっている誰かが。誰かと共有できる環境ですので、誰かがいて当然ですが、うっかり忘れちゃいますね。そう、「君は1人じゃない」んだ。視線を感じてよかったという話では、「はっ」と思って振り向いたらゴキブリが壁にいて、まさに飛び立とうとしていたとかありましたね。ちょうど手元に SD があってよかった。

一長一短

　昨今のラノベやアニメでは「生まれ変わったら」とか「転生したら」とかの話が多いと思います。こういう「才能」ネタは昭和の時代からありまして、親が専門家だったというような「親ガチャ」や「遺伝ガチャ」とか、「能力の実」を食べちゃうことで「能力」というか「力」を手に入れてしまうというか。もともと地球以外の星の戦闘民族だったというのも同じですよね。

　本題ですが、能力って使い方次第なので本人だけではどうにもなりません。能力があると思う人はちゃんと周りを巻き込んでいきましょう。**SD**

● 今日のコマンド

```
sudo
```

今日のコマンドは sudo です。誰しも変身願望があります。Linux
では比較的容易に別の人のふりしてアクションすることができま
す。みんな知ってる sudo がそれ。
管理者権限になってコマンド実行してみたり、ファイルを閲覧し
てみたり。Web サーバの権限でファイルを記入したり。でもね、
sudo の乱用は良くないよ。権限が分かれているのには理由がある。
自分にはその権限がないようだが、sudo があるから実行しちゃえ。
そういう安易なアクションは、システムを壊します（実体験）。

to be Continued

　それが楽しかったから、と打ち込んでたら世の中を変えてしまってて。パンチカードを瞬時に解読して危機を救った。バイナリエディタなしでテキストとして出力するだけで動作がわかってデバッグできた。世の中には理解しがたい、真似できない「力」を持ってる方がいらっしゃいます。そういう人が「才能」だけでなく「負の力」も併せ持つことはありますね。そういう新人さんが来てもフォロー、サポートできる「大人」でありたい。一長一短、短いところも温かく見守りましょう。みんなで育てる社会が必要です。な、そうだろ？……で、言いますが、ごめん。あのお客さまのあの案件はまだ終わってません w。大目にみてください〜。てへぺろ（・ω＜）

スリープラーニング

「睡眠学習」って言葉がありましたね。寝る前に耳元にスピーカーを置いて、英語とか流しておくと脳が勝手に勉強してくれるとか。本当ですかね？　寝てる時は勉強する時じゃなくて、記憶を定着させる時なのでインプットは控えていただきたいと思うところです。

本題ですが、このネタの「小人さん」のところは『究極超人あ～る』のインスパイアです。『あ～る』とか『奇面組』みたいな部活動したかったなー。**SD**

● 今日のコマンド

```
sleep
```

というわけで、今回のコマンドですが……みなさんはもうわかってますね。sleepだよ！

◁ *to be Continued* ・・・

　筆者は経験ないのですが、ベテランやいろんな意味で追い込まれたプログラマは取り組んでるコードが夢に出てくるそうです。寝る前まで見てた、見慣れてるコードを夢の中で俯瞰するとそこでデバッグできたり、機能追加できるんですって。夢で機能追加してリポジトリにコミットもリリース文も出したのに、目が覚めたら当然終わってなくて「もう1回やるのか……」ってやる気を削がれた話も聞きました。夢でも仕事のコーディングってのは遠慮したいですが、無意識の内に何らかの処理が終わってる経験はあなたもありませんか？　寝ぼけてたけどメールしたとか。某マンガで小人さんのネタを見たときに、「ああ、これか……」って納得したよね。（しないよ）

2020年1月号

man 曼荼羅

2020年の12月発売の本誌での2ページ特集でした。最近のLinuxユーザはmanなんか見なくてGoogleとかの検索エンジンから使い方レポートを見ちゃうんですよね。コマンドを使わないといけない場合、本当に情報量が多いし新鮮（？）なのはWebじゃなくてmanです。だって、ディストリビューションに収録されているパッケージに合わせたマニュアルがそこにあります。そのコマンドを書いた人、プロジェクトの人が書いたマニュアルがそこにあるのです。開発した人に近い人が書いたマニュアルほど事実に近いことはありません。それが手元にあれば使わないわけにいきませんよね。

本題ですが、man以外にinfoもあるのでwhereis等の検索コマンドもぜひ覚えてほしいところです。**SD**

● 今日のコマンド

```
man
```

今日のラッキーコマンドは、manです。まぁそうなるよね。

第 7 章

2020 年

泰然自若

第7章

泰然自若　2020年

HDD の処分

「ハードディスク」って言葉を使うのがもう古いコンピュータユーザーな気がしてます。「フロッピーディスク」って言葉に同じことを感じた人が、たぶん 2005 年ぐらいにはいたんじゃないだろうか。この頃記憶領域を買おうとしたら SSD ですもんね。もうこのマンガのネタに共感してもらえる人も少ないんだと思う。磁石がストレージに入ってるなんて。ストレージがこんなに大きいなんて。いいかい？　1980 年ぐらいのストレージなんて、HDD よりももっともっともーっと大きかったんだよ（見たことないくせに）。

本題ですが、SSD の速さを知ってたら HDD なんて買えないよね。🆂🅳

● 今日のコマンド

```
blkid
```

ストレージを管理するのに便利なコマンドに blkid があります。UUID も出力できるし、パーティション構成も表示するし、超便利。

◁ *to be Continued* ....

　サーバを廃棄する際に HDD が期待どおりに処分されずに横流しされてデータが第三者に漏洩する事件がありました。法人ではデータ消去・廃棄を外部に委託することはよくあることですが、委託先での処理確認までキッチリしないとリスク管理になりませんね。個人の PC も 2003 年の PC リサイクル法からメーカーが回収するようになりましたが、データ消去が要注意。一部メーカーはストレージを抜いても回収しています。可能であれば抜いて PC を回収してもらい、ストレージは個人で破壊するのをお勧めします。HDD だけではなく、SSD も USB メモリも SD カードも、使わない機器は内容を確認して廃棄するときは破壊するようにしないと恥ずかしい日記が漏れちゃうぞ♪

第73回 クラウド嫌いおじさん

2020年3月号

(注) 2024年には円安でまさかのクラウド使用料が爆上げするとは……みんな気が付かないのでした。

章
第
7
章

▼

泰然自若 2020年

クラウド嫌いおじさん

　データが国外に保存されるのは困るってよく言われました。今はほとんどのクラウドベンダーが日本リージョンを用意しているので、この「いちゃもん」は減りましたが、そんなのぶっちゃけ確かめられないでしょう。うっかりグローバル対応ストレージに置いちゃったら国外にスルッと出ちゃいます。セキュリティポリシーと言うか、設計・運用方法が甘いのをクラウドベンダーのせいにするのは良くないですよね。

　本題ですが、2024年の今でもクラウド嫌いおじさんって「信用できない」しか言わない癖にいるんですよね。**SD**

● 今日のコマンド

```
cloud-init
```

今日のコマンドは cloud-init です。いろいろなクラウドでの OS 起動時にこれが走ってるおかげで「なんでこういう状態になってるんだ？　PC にインストールすると発生しないのに！」って現象に出くわします。アヤシイと思ったら全部 cloud-init のせいです。

◁ *to be Continued* ••

　あのサービスもこのサービスもクラウドで動いてます、が普通になりました。サーバやサービスを短時間で容易に構築できるのは便利ですね。一方、そのクラウド基盤をメンテナンスしている人もいるわけで、そのクラウドで障害が起こると影響が多方面に出る、と思うと背負わせ過ぎてやしないか、と心配になったりします。少数の人に過剰な責任が乗りすぎて不幸せなことになってないとイイなーと勝手に願っております。クラウドは利用サービスや値段、SLA 等しか表に見えませんが、障害対応チームのスペック（対応組織構成や人数等）も見えるとクラウドベンダーを選ぶ材料になると思いま……いや、動けばいいか。（結局、心配してないの？）

新人研修

　最近、新入社員や中途採用された方と会話することが多いのですが、世の中にはこんなに優秀な人材が存在するんだなぁと感心します。しかも若い！ええ、自分より優秀な、才能溢れる人材なんてたくさんいるのはわかってますよ。自分、人類偏差値は多分20ぐらいなんで……。大学で哲学を学んでた、とか林業やってて山に住んでますって人がクラウドSI屋やりたいって言い出すの。なんかすごくない！？　思い切りよくない！？　あれ？　私が歳食っただけ！？──って思うの。

　本題ですが、若者に寄り添っていってなるべくパワーを奪ってやろうと思うんですよ。最近、カラダにガタが出てきたんでね（どうやって奪うの？）。**SD**

● 今日のコマンド

```
localctl
```

今日のコマンドは localctl です。ロケールを設定するとキーボードもうまく使えるようになるかもよ！

> **to be Continued** ‥‥‥‥‥‥‥‥‥‥‥‥‥‥‥‥‥‥‥‥‥‥‥‥‥‥‥‥‥‥‥‥‥‥
> 　言葉足らずで質問の意図が伝わらない、ということがありますよね。言葉足らずに加え、想定外の質問で意図がさらに伝わらないということもあります。その単語がとっさに出てこない、同じモノを指すのに共通認識ではない単語を使う……などで会話にすれ違いが発生することもあります。用語集があればいいらしいので時間のあるときに作ってみてはいかがでしょうか。「隠語」とかもね。新人さんをお迎えになる皆様、健全な会話の成立のために、用語の認識は重要ですよ！　一番困るのは代名詞での会話でしょうか。「それ」「あれ」「これ」「こっち」「そっち」「あっち」……。立ち位置によって指すものが変わること、あまり認識してない人が多いですよね。

第75回 Webミーティング

2020年5月号

（注）コロナがだんだん流行ってきてこんな話になってしまったのでした。

Webミーティング

　2020年のCovid19以降、テレワークやリモートワークが一般的になり、リモートミーティングも普通になりました。「なんで（ミーティングに）来ないの？」って言われてましたが病気が流行ったことでパラダイムシフトが起こるの、なんだか皮肉ですよね。私はというと、リモートワークを継続できて家族と過ごす時間も増えて幸せです。家族に愛想尽かされたら「リモートワークダメ、絶対！」って言ってるのでそのタイミングをウォッチしててください。

　本題ですが、「ワシントンはたぶん大丈夫」ってセリフは自分で考えてなかなかおもしろいなと思ってます。なんかジワジワ来ません？ **SD**

● 今日のコマンド

```
cat
```

今日のコマンドは三度目の cat です。ネコでもワシントン条約に記載されている種がありますよ。

◁ **to be Continued** ....

　今年の流行語に「テレワーク」は絶対に入るな、って思います。「tele」とは「遠隔」という意味ってご存じでした？　テレビジョンやテレフォン、telnetも「遠隔」の意味が含まれていたんですね。筆者は数年前まで「テレビで監視されながら仕事するからテレワーク」だと思ってました（えへっ）。そしてそのテレワークの強い味方がWebミーティングシステムですよね。今回の新型コロナウィルス騒動でみんな使いまくりでしょう。一部のシステムでは背景をぼかす機能が実装されています。プライベートを守るために有効活用しましょう。あと、Webミーティングの利用って背景よりも光の当たり方に気を使ってほしい。みんな、逆光で顔が見えなさすぎ。

第76回 SSHを使えない人がいてね

2020年6月号

（注）2024年では、キラキラITベンチャーや外資系IT企業が撤退すると、たくさんのアーロンチェア在庫が誕生するという、まさかの事態に。

第7章

泰然自若　2020年

SSH を使えない人がいてね

　Linux を使ってる人は 1 日に 1 回はコマンドしている ssh。だけどリモートログインするだけのツールって思っている人は多いのですよね。

　2000 年ぐらいの telnet と同じです。

　本題ですが、ssh は公開鍵暗号の知識も一緒に学べるので合わせてやっていただきたい。**SD**

● 今日のコマンド

```
ssh
```

今日のコマンドは ssh です。ssh って引数にコマンドを書くとログインせずにコマンド実行してくれるのも覚えてくれるとうれしいぞ。「ssh **ホスト名　コマンド**」です。

◁ *to be Continued* ･･

　リモートログインツールとしておなじみの ssh。通信を暗号化し、公開鍵暗号でのユーザー認証やホスト認証でのなりすまし防止の機能を持つのでサーバメンテナンスには必須ツールです。サーバに直接ログインする以外に、ssh を SOCKS プロキシに仕立てるダイナミックポートフォワードや、ポートフォワードを使って別プライベートネットワーク内にあるホストにアクセスする手段も構築できます。「~.」で接続を切断、「~^Z」で ssh をシェルのバックグラウンドジョブに回すなど、意外に便利な小技がたくさんあります。当たり前のように使っているコマンドですが、時間のあるときに man や専門書籍等を熟読すると新たな発見があるかもしれません。

2020年7月号

（注）それぞれ言わずもがなのネタ元ですね。

叩けば直る

もう令和に入って数年、叩いて直る機械はほとんどなくなった気がします。むしろ叩いてさらに悪化するような時代。機械が電子機械になってきたのもあるんでしょう。小型化、薄型化して叩くスペースもありません。物は叩かなくなったけど精神的に叩かれることのほうが気になりますよね。ああ、これが令和か、と。

本題ですが、叩くより落として壊れることのほうが多い。電話もパソコンも小型化しすぎな気がしています。 **SD**

● 今日のコマンド

```
chomp
```

今日のコマンドは Linux コマンドではなく Perl や Ruby にある chomp メソッドの話をします。ずっと「チョップ」って読みました。「手刀」で改行文字を削除するという意味だと勝手に思ってたんですが、chomp は「歯と顎でつかんだり噛み切る行為」だと最近知りました。

to be Continued ....

世界的に、そしてある年齢より上の人たちにはよく知られている万能修理手段「叩く」。薄型テレビになる前の箱型テレビでは、右上 45 度からの入射角で空手チョップによる衝撃を与えると不思議と映らなかった映像が見えるようになったりしました。今より「雑」だった機械が、衝撃で経年劣化による変形や固着が直ることが原因と考えられています。今の機械はさらに精密なので叩いたら状況が悪化しかねません。なるべく叩くのはやめましょう。自分の作ったプログラムが動かないからと PC を叩くのもやめましょう。ふと周りを見ると、最近の薄型テレビや PC 用ディスプレイ、扇風機や置時計とか、薄くなったものが多いですね。こういうの、上からチョップなんてしたら自分の手の骨が折れそうですね。

20 年後

　このマンガを描いたのって 2020 年ぐらいだと思います。ということは、このオジサンが言うことが正しければ 2040 年ぐらいから来たことになりますね。2040 年にこの本を手に取ってる方、どうでしょう。IT 業界は相変わらずでしょうか。別に預言書扱いしてほしいわけでもないんですけど。2040 年というと、もう著者は定年してるかな。なにしてるだろう……。日本の未来を考えるとあまり想像したくないなぁ。よし、投票に行こう（行ってるけど）。

　本題ですが、さすがに Struts の再ブームはないんじゃね？　2040 年の人、どうでしょうか？ **SD**

● 今日のメソッド語源

> sleep

今日の関連コマンドは 2 度目ですが sleep です。時よ止まれ、的な。時は止まらず自分が止まってるだけか……。

◁ **to be Continued** ....

　「2000 年問題」からすでに 20 年経ちました。もう平成生まれの人にとって「2000 年問題？　あ、教科書に載ってましたね。聞いたことあります！」ってやつです。20 年でいろいろ事件もありましたが、技術の進化もありました。次の 20 年はさらに技術が進化しそうで面白そうな反面、ついていけるか怖くもあります。3 年後ぐらいにはスマートウォッチが K8s を搭載しててアプリが管理されるとかありそうです。眼鏡型で情報を確認できて、視線と瞬きで入力できるデバイスも待ってます。花粉症のシーズン用に微量な水蒸気も出して保湿し、ドライアイも防げる「スマート」なやつ。調光レンズで紫外線に合わせて色が変わるとか！　スマホに取って代わるデバイスも 5 年後とかに出てきそう。未来は、ワクワクしますね！

第79回 verbose モード

2020年9月号

（注）骨の怪獣ですね。亡霊怪獣シーボーズ。

verbose モード

　エラーが出ないのは UNIX コマンドが成功している証拠、ではあります。寡黙な UNIX コマンドは実行が成功したことを喜々とアピールしないのです。というのに慣れているので「Success」とか「done」とかすら出力するプログラムを見ると「うぜぇ……（ふぅ」って思ってしまいます。ですが、大量のファイルやデータを転送するコマンドを実行している場合は、他の作業の絡みからひたすら処理終了を待つしかない場合もあって、そういう時は「いつ終わるんだ？」と思うもの。そういう時に verbose モードは有効です。

　本題ですが、実行で待ち時間を把握できるのは重要なのでコマンドによって verbose や progress モードを使いましょう。「Success」だけ出力するコマンドは……やっぱり無駄ですけど。**SD**

● 今日のコマンド

```
dd
```

```
rsync
```

今日のコマンドは二度目ですが dd と rsync です。status=progress や --verbose など一度 man を調べてみましょう。

> **to be Continued** ....

　Linux にインストールされているコマンドのほとんどで「verbose」モードが用意されています。「-v」オプションで指定しますが、コマンドごとにスイッチが異なるので詳しくは man を調べましょう。エラーがなければ寡黙に処理される Linux のコマンドですが、これを使えばデバッグに、実行コマンドの進捗確認に、終了時刻予想に使えますよ。これは個人的な趣向ですが、rsync コマンドは「verbose」モードとは別に「--progress」オプションがあります。大きなファイルを転送するときにこれを使って進捗確認しながらコーヒーを飲むのがちょっとした楽しみです。寡黙なのもいいんだけど、進捗わかるのがやっぱり安心するんですよねぇ。

クイズの時間

第7章
泰然自若　2020年

　トラブル対応やプリセールスなどやってると全部がクイズに思えてきますよね。ヒントはログに隠れてて対象リソースがわかって対応策を考えたり、ユーザの求めているものは結局使い勝手で処理速度を速めるためにはどうしたらいいかを考えたり。答えが正しいのか間違ってるのかわからないのことも多いのですが、すべては「ベストプラクティス」で収束するように考える、説得するものだと悟るのです。

　本題ですが、世の中クイズでできてると思ったらちょっとは楽しく生きていけるかもしれません。**SD**

● 今日のコマンド

```
$RANDOM
```

今日のコマンドは、そんな混沌とした（？）世の中をさらにかき乱す乱数生成の bash 機能「$RANDOM」です。echo ${RANDOM} とすると乱数を出力してくれますよ。

◁ *to be Continued* ．．

　「コロナ禍」で世間はテレワーク中心に移行してきました。もともと自宅作業可能な筆者の職場は新型コロナウィルスの流行前から「実践」してきたのですが、それでも変化がありました。この「禍」で増えたのは……テレビ番組視聴時間増加と、Web セミナーの録画「積読」増加。テレビ視聴は、夕食後の時間はクイズ番組が多すぎじゃね？──と思えるほど。それらのクイズ番組を見てると知識や経験を踏まえて解答を求めるのではなく、「ひらめき」を使うクイズが多くなった気がします。こういうクイズ番組はおもしろいですよね。「ひらめき」が来ないとまったくおもしろくないのでストレスが溜まりますが。あと、子供の「ひらめき」って怖い、と思いました。

アントニオ

この作品はたしか 2020 年の後半だったはず。その時はまだ一般的ではなかった「生成 AI」ですが、今読むとこのネタはすでにできるような気がしてきました……。時の流れって怖い……。しかし、このネタのコラムは生成 AI で書かせたかのような本題と全然関係ないし、どうでもいいテキストですね。……あ、いつもそうか。

本題ですが、1 と 2 コマ目はアニメ「北斗の拳」のオープニングのオマージュです。

● 今日のコマンド

```
init
```

今日のコマンドは init です。Linux 使う人は当然知ってるよね。カーネルが起動した後に実行する init。今は systemd がそれをになってますね。そう、作中で「イニシャル」の話題が出てきたので苦し紛れの「init」です。ええ、すみません。

---

to be Continued ••

「アントニオ」といえば、バンデラス。南米系のケツアゴ、スペイン語の巻き舌に憧れた時期が筆者にもありました。これっぽっちも近づいてませんがw。憧れたと言いつつも、「スパイキッズ」(2001 年) 以降出演してる作品を見てないや……。「イグレシアス」といえばフリオ。「Nathalie」が有名なスペインの歌手で、南米かぶれの父親の影響でよく聞いていました。学生のときは第二外国語にスペイン語を選択し、フリオ・イグレシアスについてトークしたら「A」をくれたうえ、教師に呑みにも誘われた覚えがあります。フリオの息子、エンリケ・イグレシアスもいい歌手なので興味があればサブスクとかで聞いてみてください。久しぶりにエンリケを聞き、スペインの微風を感じて出たのがこのくだらないマンガですw。

第82回 年末行事

まったく予想外・想定外の2020年でした。来年はいったいどうなることやら。

① テスト終わったコードをリポジトリに突っ込んだぞ。今年はもう動かないぞ。

② 納品ドキュメントを送ったぞ。今年はもう動かんぞ。

③ 年末調整の計算も振り込みも終わったわ。今年はもう動かないわよ。

④ 画像撮ってマニュアルも描き終わりました。今年はもう動きたくありません。

⑤ 費用精算も交通費精算も終わったわ。今年はもう動きませーん。

⑥ お客様への年賀状も書いたし、発送した。今年はもう動かんぞ。

⑦ 使わなくなったHDD、SSDのデータ消去したし、廃棄しました。今年はもう動きません。

⑧ …何もしてないけど…今年はもう動かないぞ。

⑨ 月次報告書も請求書も全部出したわ。今年はもう動かないわよ。

⑩ ボーナスは去年出したし、来年出せばいいかな。よし私も今年はもう動かないぞ。 社長

⑪ あかんやろっ！

2020年12月号

（注）コタツは、いまでこそコタツ記事なんて話になっていますが、予想外の使われ方ですよね。

年末行事

　2020 年、人類は新型コロナウィルス（COVID-19）により行動制限が展開されておりました。あれから数年を経てオリンピックは普通に開催されるし、人類の危機として COVID-19 に対する医療費は国家負担だったのが個人負担になるところまで戻ってきました。この疫病では人類の分断も発生し、COVID-19 に対するワクチンを打つ、打たないで二分されます。文化・国家・人種・宗教などに追加でワクチンを打つかという分類が……。

　本題ですが、BSD 派か Linux 派かなんて本当に小さいことだと思えましたね。え？　イマドキそんなこと考えてないって？　そうですよね。**SD**

● 今日のコマンド

```
sleep
```

今日のコマンドは sleep です。ちゃんと年末年始は休みましょう。

to be Continued ●●●

　今年のコロナ禍による外出自粛やリモートワークなどで、みなさん平日と休日で時間の使い方が変わりましたでしょうか？　筆者は通勤時間などを別のことにあてられて新しいことにチャレンジできた一方、通勤時間の読書時間が減り、積読ペースが増えました。在宅ワークしているので料理する時間も増えましたが、食べたいものばっか作ったために体重に響きました。あと、マラソン大会もなくなり運動不足気味になりましたが、なぜか同じように量を食べるのでさらに体重に来ました。振り返ってみると筆者は変化に対応しきれていない気がします。よし、とりあえず年末まで頑張ろう！　年末休みでダイエットと勉強したいことを SD 読んで考えよう。来年のことは来年考えよう。（なんだ？　この日記みたいな反省文……）

名探偵菱形

　1回描いてみたかった探偵モノ。でも1ページや2ページで展開できるとは思ってないのです。だって、「名探偵コナン」みたいに文字ばっかりになっちゃうのもアレだし。そもそも「Linux」がテーマのマンガなのに、って思ったら単発寄せ集めにしちゃえ！──ってね。

　本題ですが、今思うと4コマを4本でもよかったんじゃなかろうか。**SD**

● **今日のコマンド**

```
git
```

今回の便利コマンドはふたたびの git です。あのサイトやこのサイトで動いている CMS のソースコードを好きなだけダウンロードできちゃうぞ！

第 **8** 章

2021 年

豪放磊落

第84回 筋トレ

2021年2月号

（注）2024年も、まだ筋トレブームは続いていますね。

筋トレ

ラップトップもまだ 2kg あるのが普通だった頃、電子書籍がなくて 500 ページぐらいの本を持ち歩いてた頃、タブレットがまだ普通ではなくて印刷した紙をファイルに閉じて持ち歩いてた頃は本当に毎日が筋トレだったなと思います。2010 年ぐらいまでは普通でしたよね？　今、Covid19 の蔓延した 2020 年以降はリモートワークも増え、リモート会議も当たり前になり、1kg 程度のラップトップもタブレットすら持ち歩かない日々が増えました。みなさん、本当は衰えてません？　体力的に。

本題ですが、電子書籍になっても積読するのは変わらないんですよね。困ってます。**SD**

● 今日のコマンド

```
evince
```

今回の便利コマンドは evince です。PDF や PostScript ファイルを表示するビューワーですが、ブラウザで開くより軽くて動かしやすいし便利ですよ。最近「ドキュメントビューワー」って名前で呼ばれるらしいですが。

---

to be Continued ....

最近はなるべく紙よりも電子で本を購入しています。技術書には紙では持ち歩けないような分厚くて重い書籍も多々あるので、電子書籍はとても重宝しています。すでに紙で買ってしまった、分厚くて高価な書籍は電子書籍で買いなおすタイミングがなかなか来ないのが困りものですね。「自炊」するのは面倒くさくて実行に移せないんですが。しかし、分厚い紙の書籍は、調べるときに持ってると腕が疲れます。電子書籍がないときのエンジニアって、今より書籍を持ってた分だけ筋肉があったのかな？──って思いますね。私たちはだんだんと軟弱になっているのかもしれません。あ、もしかして「若くなくなった」だけなのか？　さて、マンガでウェイトに利用している書籍はすべて技術評論社から発売中です♪

第85回 違いのわかる人

2021年3月号

（注）こういう商標については、例外事項ですね。校正のときによくハマります。

第
8
章

▼

豪放磊落　2021年

違いのわかる人

　「違い」を説明するのは難しい。それを一般人に説明するのはさらに難しい。Debian と Ubuntu。CentOS と CentOS Stream。AWS と Azure。違いはあるもの。それぞれメリット・デメリットはある。どちらかでも良いところがあればそっちにする（多くは費用面で決まる）。そういうものにかかわるのは超めんどくさい。「XX するとさらに安くなる？　見積もって」「YY を外したらサポートどうなる？　見積もって」と。でもそれを優しく説明するのがプロなんですよね。こういう仕事している人のおかげでご飯食べられてるって思います。

　本題ですが、imagemagick は現在は graphicsmagick という fork パッケージでも使えます。ディストリビューションによっては graphicsmagick しかサポートしてないところもありますが、プロの画像処理職人でなければどちらでもいいです。**SD**

● 今日のコマンド

```
compare
```

今回のコマンドは compare です。画像処理を Linux でしたことない人以外はまったくつかったことないコマンドだと思います。デスクトップを Linux にしたときにはぜひ使ってみてください。ええ、間違い探しの答え探しにです。

◁ ***to be Continued*** ∙∙

　2020 年 4 月の緊急事態宣言下では、小学校も保育園も休校になり、筆者宅でも子供が自宅待機になりました。小学生と未就学児の学習の面倒を見ながらの仕事はなかなか両立が難しかったのを覚えています。学習ばかりでは子供は集中力が持たないので、遊びも与えて親がその間に仕事をするのですが、渡す材料によっては親が巻き込まれるものがあり、その 1 つが「間違い探し」。Web にあるのを印刷して「さぁ、見つけきれるかなー？」と渡したはいいものの 15 分であきらめて「わからない」って持ってくる。親も見つけられない。答えを見るか、と印刷元の Web ページを見たら、答えが載ってない w。答えが気になって ImageMagick に入ってる compare コマンドを使いましたとさ。間違い探しには compare だよ、いいね？

第8章

豪放磊落　2021年

リクエスト

　学はないですがちょっと絵を描けるのでマンガを10年ほど連載できました。ダイエット目的で始めたランニングは、マラソンで3時間を切るのももうすぐそこです（たぶん）。才能溢れる著者ですが、音楽はからっきしダメでしてね。楽譜は読めないし、小学生のころからリコーダーだの鍵盤ハーモニカだのもまったくダメ。ピアノを弾いてみようと思ったのですがまったく続かないし、指も動きません。一時期DJコントローラーで遊びたいなと思ったのですが、動画サイトで使い方動画を見てたら自信をなくしました。

　本題です。え？　音楽だけじゃなくてマンガもランニングも大したことない？　アンチは帰れ帰れっ！ **SD**

● 今日のコマンド

```
dd
```

今日のコマンドは何度目かの dd です。DJ のちょっと前のコマンドだからですよ。悪いっ！？（ブチぎれ気味に）

◁ **to be Continued** ··

　学生のころからラジオ少年でした。今では「うんちく芸人」と呼ばれてる人や、20世紀末に解散したバンドの悪魔がやってる番組などに投稿していました。そのときはハガキかFAXで投げていましたが、いまどきってTwitterなどのSNS経由で番組に意見を投げると、取り上げてもらったりするんですよ。特定のハッシュタグを付けるだけの簡単な作業。切手代もかからないってすごくない？　「自分の意見を見てくれ」とプッシュしてる時代が、いつの間にかメディアがピックアップしてくれるようになってました。時代とともに「リクエスト」の方法が変わるように、日常の作業もちょっとスパイスを加えて向き合い方を変えると気分が変わってはかどることがありますよね。キレイにまとめたつもりですが、無理矢理すぎますねw。

Linux ゲーム

第8章 ▼ 豪放磊落 2021年

　もともと UNIX という OS は、別プロジェクトで利用してた OS の上で使えた宇宙探検ゲーム（だったかな）を担当者が遊びたくて作ったというのは有名な話。かくいう著者も、1995年頃に「DOOM」というゲームがあるらしい、それは Linux だと無料でプレイできるらしいよと言うことで Linux をやってみようかなと思ったのですよね。この業界、ゲームがキッカケになることは意外と多いのです。ちなみに、著者の PC スペックが貧弱すぎてDOOM は動かせませんでした。

　本題ですが、90年代後半に SONY PlayStation に移植された DOOM が発売されて著者は Linux でゲームすることから離れたんですよね。🆂🅳

● 今日のゲームアプリ

GNU Go

今日のコマンドではなくパッケージですが「GNU Go」という碁のソフトはなかなかよいです。各言語での再実装、デスクトップ環境ごとにも実装が用意されてたりしてどこでも遊べますよ。

to be Continued

　「Steam」というゲームプラットフォームで販売されています。これらハイクオリティな「今風」な作品が、（すべてではないですが）Linux でもプレイできます。あの「DOOM」もプレイできるようです。Linux でのゲームといえば、NetHack のようなテキストベースのゲーム、GNOME デスクトップで遊べるマインスイーパなどもありますが、こんな「今風」なゲームができるって、「そりゃ21世紀にもなってるわ！」って思いますね。翻って、最近は初期ファミコンのようなドット絵ゲームが安価に入手・プレイできるようになってます。我が家の小学生の子供も「スーパーマリオ」に今さらですがハマってます。現代の Linux ユーザも、「Steam」から入って過去のゲームを見直す時期かもしれません！（時期なの？）

197　Software Design Plus

第88回 気になるあいつ

2021年6月号

（注）この元ネタはダフトパンク。

気になるあいつ

　2021 年 2 月、Daft Punk が解散することになって著者が衝撃を受けて作ったネタです。COVID19 でリアルで会わない人も増えたました。仮面のエレクトロデュオの 1 人が会社に紛れ込んで、しかもとても有能で自分だけがその人を知らないって、現実にありそうですよね。

　本題ですが、9 から 12 コマ目は「ドラえもん」5 巻に収録されている「ドラえもんだらけ」に出てくるコマのオマージュです。この作品はとても大好きで、私のタイムパラドックス好きの原点だと思います。もしご覧になってない場合はぜひ読んでください。「きゃぁ、自分ごろし！」というムズムズする言葉を楽しんでいただきたい！ **SD**

● 今日のコマンド

```
dump
```

今日のコマンドは dump です。Daft Punk もそうですが、「Duft Pank」ってつづりを間違えちゃうんですよね。dump もたまに damp って打っちゃう。当然「Command not found」になるわけです。スクリプトで誤字しちゃうと目的を達成できないことになるのでエディタの補完機能とかちゃんとつかって間違いを減らしていきましょうー。

◁ **to be Continued** ....

　組織もある程度の規模になり、人員も多くなると「あの人だれ？」ってことは発生しますよね。そんなに大きくなくても、筆者が勤める本社が島根・支社が東京にあるような企業ですらよくあります。名前は見たことがあるけど顔を知らないとか（筆者が顔と名前を結び付けられない「特技」があるのも原因ですが）。そんなに大きくない規模でコレだと、グローバルな企業はもっとあるんでしょうか。とはいえ、一人の社員が全スタッフを知ってる必要があるかと言うと……ないんですけど。新型コロナウイルス禍でのリモートワークになり、同じ支社・部署でも PC では見たことがあるけど会ったことはない人が存在するっていう事象も「普通」になってるんでしょう。なるほど、これが「ニューノーマル」か。

第8章

豪放磊落 2021年

姿勢

バランスって重要です。いいえ、組織論とかじゃなくてカラダの話です。人間うまくできてるもので、片方にウェイトが乗ってると修正しようとするのです。その結果、「コリ」や「ハレ」がおこったりします。なるべく左右対称でやるのがよいです。マウスを使うと右手だけよく動くとかあるのもよくありません。冷蔵庫も右手だけで開くとかよくありません。観音開きにしましょう。

本題ですが、七三分けって左右で重量さを感じるモノなんでしょうか？ **SD**

● 今日のコマンド

```
xrandr
```

今日のコマンドは、xrandr コマンドです。ちょっとでもカラダにフシギを感じたならとりあえず整体に行くのが良いですが、Linux のウィンドウシステムを回転させて首のストレッチをするのもよいですよ。

to be Continued ●●

　若いころはぜーんぜん感じることのなかったカラダの異変を最近感じることはありませんか？「30歳を超えたら、40歳を過ぎるとわかるよ」と言われるアレです。歩くときに右足に重心がかかっている、信号待ちで左足がちょっとだけ前に出ている、どちらかというと左で噛んでいるのが多い、ランニングのときにスマホを左手で持っている、寝てるときに左手が上がっている、寝ているときに右腕を枕の下に入れている……等、本当に些細なことでカラダのバランスが崩れ、その崩れを直すために無意識に反対側に力が入り、筋肉が凝る。こういうのが積もって体調がおかしくなることがあります。完全な左右対称は難しいのですが、バランスをとるのは大事です。仕事も趣味も、家庭と個人の時間も……バランスが一番難しいんだよねぇ。

ほめて伸ばす

　これはすごーく前からやりたかったネタでした。中山きんに君やオードリーの春日さんのボディビルディングドキュメンタリーを見て、オーディエンスからの掛け声に衝撃を受けたんです。なんて個性溢れるレスポンス。ポジティブなコミュニティ。持続可能な自己研鑽。理想的な世界がそこにありました。「ほめて伸ばす」は悪いことではありません。叱責もしなくても本人が理解することはできます。コミュニティを育てることが個人を育てることになることも認識しておくことは重要です。

　本題ですが、このマンガのネタを作るために寝られない夜を過ごすことはありました。**SD**

● 今日のコマンド

> expand

今回のお役立ちコマンドは、expand です。[tab] をスペースに変換するコマンドです。あまり役立たないと思いますが、キー1つで4とか8とか空白を入れるのとスペースキーだけで4とか8の空白を空けるのは……なんとなくパーソナルスペースが違う気がします。あ、システム管理にはどうでもいいことでしたね。

to be Continued

　「ほめて伸ばす」と言います。筆者は「ほめて伸びる人だからほめて！」と言いますが、みんな「飴と鞭」を使い分けてほめるだけしてくれません。でも「鞭」って心をえぐるじゃないですか。「飴」も「鞭」も使いにくいですよね。一方、「ほめ言葉」で話題のボディビル業界は、「とにかくポジティブシンキング！　ほめてほめてほめまくります！（略）自分もまわりも、ハッピーな気持ちになれるでしょう」（公益社団法人日本ボディビル・フィットネス連盟（監修）、『ボディビルのかけ声辞典』、スモール出版、2018年より）にあるように、とにかくほめることで選手も観客も楽しくなっているようです。この世界では「来年がんばれ！」も「伸びしろがあるから来年に期待してるぞ！」という意味で掛け声されるそうです。応援される側も、言葉を前向きに聞くことが大切ですね。

Linux はともだち

第88話で使った Daft Punk のトーマを再度使ってみた回です。こういうロボットが同僚とかいうマンガって結構ありますよね。『魁！クロマティ高校』とか、『Dr. スランプ アラレちゃん』とか。機械のカラダを持った同僚や同級生と付き合う社会人や高校生の気持ちってどんなんだろうって……オラすっごくわくわくすんぞ！

本題ですが、著者は『キャプテン翼』を原作も読んだことがないのですよね。サッカーがあんまり馴染めなくて。個人競技が好きで水泳とかしてたので団体競技が苦手で……。ええ、ただのコミュ障です。**SD**

● 今日のコマンド

```
lsblk
```

さて、今日のコマンドはまた lsblk です。カーネルが認識しているブロックデバイスを表示してくれるのすっごく便利。あー、作品中にコマンドの話があるとココを書くの楽だなぁ。

to be Continued ....

　何事にも苦手意識というのはあります。苦手意識の克服にはいろいろな手段がありますが、恐怖体験による苦手意識などの場合は、原因になった「恐怖」を取り除くことが解決手段になるそうです。犬に吠えられた経験から犬嫌いになった人は小さい犬や、大人しい犬と接することから恐怖を取り除くように。使いにくいと思っているソフトウェアには、歩み寄るのが大事ですね。Linux は使い方がわからない、とかコマンドの反応がないとか言われますが、書籍や Web、先輩の助言などの情報も豊富ですし、動作は「こういうものだ」と思ったら意外と受け入れられるものです。筆者は、大文字小文字を含んだやたら文字数の長いメソッド名の入力が苦手でしたが、エディタの補完機能でだいぶ克服できた気がします。

第8章

豪放磊落　2021年

IT 戦士

　たぶん読者の諸氏は「なんだこれ？」って思ってると思いますが、著者は実は特撮が好きでして……仮面ライダーとか戦隊ものとかゴジラとか結構好きです。マニアというほどのでもないので「好き」としてる程度です。本当です。リアルタイムで観てたのは『仮面ライダースーパー1』でしたね。なので、1コマ目から出てるヒーローのグローブにはキーボードと「ヒラヒラ」がついてます。ちなみに、先輩の敵役は「ハカイダー」のオマージュです。

　本題ですが、さりげなく8コマ目に2024年に起こるxzバックドア混入を示唆しているのに気付いただろうか（適当です）。**SD**

● 今日のコマンド

```
apt
```

今日のコマンドはaptです。ちゃんとアップデートしような。

◁ **to be Continued** ･･

　「24時間戦えますか？」ってフレーズが1989年ごろにTV CMで流れてたんですよ。1日24時間、睡眠なしで動けたらなんて素敵だろう、と思った時期が筆者にもありました。実際、トレランで15時間走ったことがありますが、それでも幻覚と幻聴を経験しました。24時間戦うなんて無理です。好きなことなら24時間戦えるのでしょうか。考えたけど、やっぱり戦える気がしません。「なんとかブル」や「モンスター何ジー」とかを飲用しても戦える気がしません。筆者もいい歳で、最近徹夜すると翌日まったく動けません。好きなことができる「戦士」になるのもいいけど、無理は禁物。カラダ壊したら好きなことは続けられないぜ。ほどほどにな！　以上、オッサンからの助言でした。

第93回 リソース確保早すぎぃぃぃ

2021年11月号

（注）人間のカルマだね。

リソース確保早すぎぃぃぃ

　クラウドを利用し始めると、今までオンプレで有効活用しての「モラトリアム」がなくなります。「執行猶予」のような意味で使われる言葉です。クラウドはPCやネットワーク機器の準備も高速対応です。サーバはブツが届くのを待つ必要も、追加部品が在庫なしなんてこともありません。ロードバランサもさっさと使えるようになります。半導体不足なんて全然気にしてません。この準備の良さ、対応の早さはエンジニアの調査・検証時間を奪ってると思うんですよね。え？見積金額からは動かせないって？まぁそりゃそうだけど、傷口は大きくならないようになるでしょ？

　本題ですが、クラウドって、ユーザーにはいいけどSI屋にとっては準備時間がただ単に削減される不幸ツールですよね。**SD**

● 今日のコマンド

```
sleep
```

今日のコマンドは4度目くらいですがsleepです。みんなとまっちまえ！

---

to be Continued

　先日、冷凍パスタを食べたんです。外袋を開けて、中の袋を電子レンジで5分温めるだけで、それはおいしいペペロンチーノがいただけました。これが100円（税抜）だったと聞いて……料理が好きな筆者も「これがあれば料理しないわ」って思います。料理、するけどね。クラウドサービスのリソースの使いやすさも格別です。昨今の半導体不足も気にせずコンピューティングをオーダーできます。ストレージだってヒョイヒョイ増設できちゃう。メモリの増設もあっという間。入荷待ちとか相性確認とか、物理的に接続できない規格の製品買っちゃったーとか、マザーボードの電源足りないじゃん！とか悩まなくていい。自作PCを何台も組んだ筆者も「クラウドサービス使うよねぇ」って思います。自作PC、もうしないや。

2021年12月号

(注) コピペはコンピュータ文化の根源です。噂はどんどん増殖しますし、炎上もまさにその一端。

コピペ人間

第8章
豪放磊落 2021年

　プログラミングでもサーバの設定でも「写経」って実は大事なステップだと思ってます。

　写してもそのコードが、その設定パラメータがなにを意味するかをちゃんと把握すれば成長になると思うから。一番ヤバいのは「これで動くって書いてあるから」と公式サイトでもベンダー情報でもないものを、だれも責任取らない「知恵袋」みたいなところから持ってきて内容も吟味せず、かいてることもまったく見ないで貼り付けて実行すること。本題ですが、こういう「ほら、コレ（無責任コード）を早く貼って実行しなよ」って人に押し付けることは本当に禁固5年、50万円以下の罰金ぐらいの罰則になる法律を作ってほしい。SD

● 今日のコマンド

```
paste
```

今回の教訓コマンドは paste です（coreutils パッケージに収録）。copy and paste の paste 動作じゃなく、複数のファイルを行単位で連結するコマンドです。データファイルを作る際に便利なので調べてみましょう！

to be Continued ···

　ソースコードや、設定ファイルをコピペから作り始めることがあります。筆者も Ruby でテキストファイルを1行ずつ読み込むスクリプトを組む必要があるときは、いつもコピペしちゃいます。コードを書く頻度が低いのでいつも検索しちゃうんですよね。でもコピペしたコードは最後には構文だけで変数や処理は跡形なくオリジナルになります。ココ、コピペはするけどちゃんとやってるよってアピールです（笑）。コピペは初学者には「写経」として大事だと思います。書き方などを覚えることができますしね。コピペしたのをそのまま使うのではなく、ちゃんと書き方、処理を見て変更しましょう。そのまま実行もせずに素振りしましょう。コマンド「rm -rf /」（※）をそのままコピペ、実行した人を数人見たことがあります。

※注意「rm -rf /」を実行するとシステムが消えます。

第8章 豪放磊落 2021年

第95回 ゾンビだけ溢れた世界で俺だけ

ゾンビだけ溢れた世界で俺だけ Enter を押せない

2022年新春2ページでした。この時にSNSなどでよく見たWebマンガの広告をネタにしたんですよね。このWebマンガは読んだことないので内容全然わからないんですけどね。この時、担当していただいてた編集長がバイク事故で大変なことになってたはず。地獄から戻ってきてくれるのか心配で心配でしょうがなかったのを覚えています。本題ですが、「天丼」で2ページは邪道だな、と反省してます。

● 今日のコマンド

`reset`

今回の役立ちコマンドはresetです。へんな文字コードを表示しようとしてターミナルの表示が崩れたらresetコマンドを打つとよいよ。たぶん戻るよ。

ひみつのLinux通信　*214*

第 **9** 章

2022年

魑魅魍魎

2022年2月号

(注) 元ネタはもちろん、『火垂るの墓』の節子。

ゴルゴ B

2021年9月にマンガ『ゴルゴ13』などを生み出したマンガ家のさいとうたかお先生が逝去されました。私も『ゴルゴ13』は大好きですし、舘ひろしが声優をしたアニメ版も全部チェックしております。そんな『ゴルゴ13』も21世紀に入ってからの情報化社会にどれだけ対応してたのかは実は疑問を持ってました。「あれはアレでよい」の気持ちで読んでたのでなんでもいいんですけどね。

本題ですが、9から11コマは魔夜峰央先生が『パタリロ！』の中でもパロディしてたのを再度パロディした自信作です。こういうのを「自信作」と言うのかは疑問ですが。**SD**

● 今日のコマンド

```
gpg
```

今回のコマンドは gpg です。GNU Private Guard という、PGP 互換の暗号化ツールです。

◁ **to be Continued** ···

困ったことがあればネットを検索すれば解決することがあります。しかし、かゆいところに手が届かない結果しかないこともありますよね。昨今のリモートワークで、人と会話することが減ってこのような相談をしなくなった人もいるでしょう。リモートでも物理的な対面が可能な環境でも、会話は大事ですよ。周りにいる先輩や同僚にも相談したほうが答えが早く返ってくることがあります。ちゃんと相談しましょう。本当に困ったときは Software Design をめくるとヒントがありますよ。話は変わって、Linux ディストリビューションに含まれる GNU Coreutils の date では次のように実行すると2月末日を取得できます。「date +%F -d "$(date +'2022/02/01') 1 month + yesterday"」……ほらね！（満面の笑顔）

第97回 100日後(注)にカーネルパニックするLinux

2022年3月号

(注) まさか2024年になった元のネタの『100日後に死ぬワニ』の続編である『100日後に死ぬ(×)ネズミ』が始まるとは。

100日後にカーネルパニックする Linux

　1997年ぐらいのLinuxはまだ「趣味で使ってる人」のUNIXみたいなOSでした。それぐらいの時に大学生だった著者は、通ってた大学の所属してないゼミの先生に乗せられてSun Sparc Station 2の中古を購入し、Red Hat Linux 4.2 for Sparcをインストールして卒業研究のJavaアプリケーション開発に使ってました。まだJDK 1.0.2とかでね。Java 2が出るか出ないかの時だったような。それぐらいのLinuxだったら100日後にパニックしてることもあった気がしますが、最近はないですね。ヘタしたらハードウェアの保証期間過ぎるぐらいまで稼働してます。この「100日後」は当時話題になってた「100日後の死ぬワニ」からネタにしたものです。あまり時事ネタを扱わないように心がけてましたが、こういう流行りにも乗るのも大事ですよね（と、自分に言い聞かせる）。**SD**

● 今日のコマンド

```
cron
```

今回の役立ちコマンドは三度目くらいですが、cronです。バックアップとか定期実行したいものを設定できますよ。

to be Continued ･･･

　やらないといけないことであっても、そのことを人は忘れるものです。それを手帳に書いたとしても、手帳を見なければ忘れます。手の甲に油性マジックで書いておいても忘れちゃいます。チケット作ってもチケットたちを棚卸しして、そのチケットを見ないと忘れます。同僚や友人に「忘れてたら指摘して」とお願いしても、その人は忘れちゃうでしょうし、あなたもすでに忘れています。期間があるとつい後回しにしちゃうんですよね。やらないから忘れちゃうのであって、すぐ実行できればいいんですけどね。知り合いに相談したら、カレンダーアプリの通知をデフォルトにするか、スマホの起動画面にTODOを表示するか、秘書を雇うって言われました。秘書……庶民的な筆者はカレンダーアプリの通知を使うことにしました。

第
9
章

魑魅魍魎 2022年

リモートワーク警察

　2020年からのCOVID19の影響でリモートワークは一般的になりました。2024年、COVID19の影響がおさまったとする今は「出社」を求める空気も出てきています。私は、当時まだ小さい子供がいたこともありまして、できれば家で「おかえり」を言えるダディになりたい、とリモートワーク中心の会社に転職したんですよね。出社を求めるムーブメント等知らんぷりです。裁量労働制とか言うなら制度的に在宅ワークで問題ないわけです。だって成果を上げるんでしょ？

　本題ですが、裁量労働制をうたってる会社こそ在宅ワークさせろと言いましょう。管理職は管理するのが面倒なだけです。出社しても管理しないくせにね。**SD**

● 今日のコマンド

```
cron
```

今日のコマンドは cron です。おっと前話と一緒だと言うなよ。cron でいろいろなんとかしちゃえよ。工夫しだいでいろんなことがなんとかなるのよ。たとえばメール送るとか、Web API にアクセスして「出社記録」つけちゃうとか、あと t ……うわ、何をする!?

to be Continued ･･･

　2020年に感染症拡大に伴って突如広まったリモートワークですが、みなさん活用されていますか？　ヘッドセットやモニタ・机・スピーカー・椅子など、だいぶリモートワークのために投資されている方もいますよね。しかし、昨今の感染症もだんだん沈静化していきます。収まったらリモートワークが解除されるのかと心配になってきます。一部経営層では「サボっているのではないか」と疑いを持つ方もいると聞いています。リモートワークでもちゃんと効率的に結果を出している、作業していることをアピールしておかないと会社に引きずりだされちゃいますよ。対策は、ズルしないで正規のルールでサボること。有給休暇・時間休の利用、福利厚生に「二日酔い休暇」があるとこに転職とか。ズルはバレます。（体験談）

第9章 魑魅魍魎 2022年

障害訓練

　来るかもしれない障害対応の練習をしておきましょうねってネタのつもりだったのですが、今読みなおすと「よくこのシステムはサービスを提供し続けてたな」というレベルですね。「サービス稼働中」なんて一言も書いてないので訓練用に用意したシステムかもですが、こんなの用意しようと思わないですよね。

　本題ですが、俗人化してしまったシステムと言うだけで十分障害ですよね。**SD**

● 今日のコマンド

```
rpm
```

今回のコマンドは rpm です。パッケージマネージャの DB だけでもリビルドする方法を知ってると何らかの解決策につながるかも。

---

to be Continued ....

　障害訓練していますか？　定期作成している DB バックアップファイルでのリストア。稼働地域での災害発生による別地域でのディザスタリカバリ。予備回線への切り替え。構成管理ツールでの再構築。構築手順書での構築。緊急連絡網の連絡先確認。機器の保証書、マニュアルなどの確認、などなど……。「めんどうくさいし、やりたくないよねー。イザというときのために？　イザは本当に来るのか？イザが来る前に稼働期間終了のほうが来ない？　リプレース案件のほうが先に来ない？　イザが来る前に転職しちゃわない？　もう手順書確認だけで終わらせてもいいんじゃないですか？」なんて悪魔の囁きが聞こえそうです。災害は、忘れたころにやって来る。障害も忘れたころにやって来る。訓練と練習と筋肉は裏切らないんだよ（経験者談）。

223　Software Design Plus

SDGs の真実

SDGs のフルネームと日本語訳を言えます？　Sustainable Development Goals がフルネームで、「持続可能な開発目標」というのが日本語訳です。最後の「s」はチャームポイントです。私は、SDGs は実はよくわかってません。必要なのかも含めて。てへっ。

本題ですが、SDGs を理解しようと調べてもなんかぼんやりしてよくわからず、あいうえお作文でネタにしちゃっただけで終わりました。SDGs のすばらしさを教えてください。**SD**

● 今日のコマンド

```
grub
```

今日のコマンドは grub です。ブートローダを操れればたいていの起動不能 PC は直せます。SDGs とはまったく関係ないですが。

ひみつのLinux通信　*226*

第9章

魑魅魍魎

2022年

エクセル無情

　私、2021年12月に転職しまして、日常的にLinuxを使わない環境になったのです。業務に影響ない程度でこっそり使ってますが、MS Officeの利用頻度は上がりました。驚いたのは、ちょっとしたメモにパワポ使ったり、Excel使ったり。エディタのほうが軽いのになんでOffice？──という疑問が継続的に生えます。そんなメモが議事録になるのですが、お客がOfficeファイルで求めてくるから最初からOffice使うかという風潮になっているのに気付きました。

　本題ですが、Excelムズカシイ。**SD**

● 今日のコマンド

```
cut
```

今日のコマンドはcutです。1行の要素を取り出すのにawkを使う人もいますが、cutも便利ですよ。

> **to be Continued** ･･･

　UNIXの昔の偉い人は、プログラムは小さな機能をシンプルに実行できるのがよい、と言いました。/binディレクトリを見ると、本当にシンプルなことをするコマンドがいっぱいですよ。lsや、tailやyesとか。awkやsedは難しそうと思ってる人もいるでしょうが、ちょっとしたことならcutやtrとかでも使えます。みなさんが使ってるコマンドはオプションも多くて「どこが小さいんだよ」って思いますよね。でもね、全部のコマンドのオプションを覚えることなんて不可能です。コマンド本を書いた私が言うんだから間違いない。大事なのはmanの読み方を覚えることです。manを見ましょう。一番悲しいのは、小さいコマンドを駆使してまとめたデータも「エクセルで絞り込んでるところ見せて」って言われるところです。チキショー！

エレガント

エレガントとは、elegant と綴りまして、優雅とか上品であるような意味があります。私も、エレガントな人生を送る予定だったんですよね。中学で投稿したマンガで連載を獲得し、しばらく締め切りやランキングに苦しめられるも、運よくアニメ化やグッズ化、ウォルトディズニーを真似した著作権ビジネスを推し進め、慈善活動などしつつ、余りある時間で得た知識でニッチ分野知識人として『タモリ倶楽部』(1982 年から 2023 年までテレビ朝日で放送されたテレビ番組) にたまに出演するマンガ家、みたいなね。今はエレガントではない人生をどうエレガントに修正するかばっかり考えています。全然暗くないですよ。明るい目標に向かうための思考をしてるんだから超楽しい。問題なのは、アイデアと実行力が出ないことです。てへっ。

本題ですが、あのスパイ家族マンガおもしろいよね。**SD**

● 今日のコマンド

```
clear
```

デスクトップもメールボックスもきれいにできないけど、ターミナル画面は clear コマンドを実行するときれいになるよ！

---

to be Continued ....

　エンジニアたるもの、作業環境の快適化は大切なアクションです。必要なガジェットがすぐ触れるところに配置されていること、必要な LAN ケーブルや結束ケーブルがすぐ手の届くところにあること、ドライバーやハサミやペンチなども身近なところに置いておきたいもの。ですが、手が届くことだけを優先すると必要なときに、それがどこに置いてあるのかわかりにくいことがあります。「木は森に隠せ」と言いますが、必要な USB ケーブルを電源ケーブルやシリアルケーブル、タイプの違う USB ケーブルと一緒にしておくとイザというときに探すことができません。機材の分類や、整理整頓は大事だぞ！　話変わりますが、最近話題の某スパイ家族、原作読んでるときには寮長の声は八奈見乗児氏で脳内再生されてました。(ただの報告)

2022年9月号

(注) 先生はときどきこういうエモいのを作りますね。いったいどんな私生活なのやら。

つながらない

このマンガの連載は COVID19 が全盛期（って表現いいのかな）の 2020 年 4 月から 2022 年も含まれます。時事ネタをなるべく使わないようにしてたのですが、リモートワークネタは多くやりました。マスクは永続化しなくてもリモートワークはある程度残ると思ってたから。あと、COVID19 があったから、という「建前」を作ってコミュニケーションの変化を受け付けないふりをしているのも見受けられます。たとえばマッチングアプリですが、COVID19 前から登録制・有料制で身元保証をしつつジワジワと広がっていたし、実績を周りで見ることができていました。どうも COVID19 以降で広がったと認識している方が多い気がします。退職代行サービスも 2018 年からあるのに COVID19 を利用して若者が利用するサービスと思われる方も多いとか。大きいイベントに左右されず、歴史の事実は坦々と受け入れていきたいものです。

本題ですが、このネタの若者と合コンの反省がマッチした 1 ～ 6 コマは今でも「よくできてる」といたく満足しております。**SD**

● **今日のコマンド**

```
ping
```

あ、デバイス通しのコネクションを確認するならまず ping を打ちましょう。

to be Continued

COVID-19 によるリモートワークに入ってから人と会うことが激減しましたよね。職場の人と直で会うことも減り、街中で偶然会うことも居酒屋などでの突然の出会いとかもなくなりました。リモートワークで突然の出会いは……セールスか詐欺メールばっかりだし、知り合いじゃないけど実在する人から連絡が来ても身構えるのでその後に続くことは少ないと思います。しかし「コロナ禍」であっても知り合い経由で転職している人や、新たに出会って入籍されている方もいらっしゃる。そのような知り合いはネットワークの広さが目立ちます。いろんなところに顔を出していて、アウトプットも多く、SNS もマメ。リモートワークでも結局は「コミュ力」なんだなぁと思います。そういえば、あいつらイケメンだったな……。

233 Software Design Plus

第9章
魑魅魍魎 2022年

エラー処理

このネタのマユゲくんは、エラー処理を意図的に拒否してエラーを出さない手法を活用しています。実行したコマンドがエラーを投げても /dev/null に入れて握りつぶしたり、パイプで true を実行してエラーをラップする、などのテクニックです。本当はまっとうにエラー処理してなとかするものですね。

先日、某案件で「昔作ってもらったスクリプトを調査してほしい」と言われたので調べたんですよ。内容としては「ウイルス対策ソフトがインストールされているいるか、有効化されているか」を調べるスクリプトだったのですが、すべての処理に置いてエラーが出ようが「握りつぶし」て「OK」を出すスクリプトでした。「どこで実行しても OK が出るスクリプトですよ」ってレポートしたら「へー」という返事だけでした。私のレポートはなぜか「握りつぶされた」ようです（調査だけだったのでその後は知りません）。

本題ですが、「/dev/null で握りつぶす」って著者がいた会社で先輩が言ってたのをうっかり使ってるのですが、これって業界用語でしたっけ？ **SD**

● 今日のコマンド

```
true
```

今日の役立ちコマンドは true です。何かと便利だぜ！

◁ **to be Continued** ･･･

実行したコマンド、作ったプログラムからのメッセージは受け止めておきたいもの。コマンドが見つからないとか、ファイルが見つからないとか、ファイルが読み込めないとか、ファイルに書き込みできないとか、権限がないとか。スクリプトの前半の処理でエラーが発生していたのに処理が続けられて期待しないファイルが消されることもあります。「rm -rf /${hoge}」とか想像できちゃうね♪。英語メッセージわかんない、何を言ってるのかよくわからない、と拒否したり握りつぶしたりすることもあるでしょうが、コマンドやコードからのメッセージはコミュニケーションです。人とのコミュニケーション不足も良くないですが、コマンドたちとのコミュニケーション不足も良くありません。ちゃんと会話していきましょう！

第9章 魑魅魍魎 2022年

陰謀論

　世のニュースも斜に構えれば全部「陰謀論」です。いや、「陰謀論」が悪いとは思いません。実際に陰謀だったこともあるでしょう。私はあんまり知らないのですが。でも、「それは陰謀論にしては苦しいだろ」ってのはよく見ますし、実際に事実でないこともありました。まぁ、いいから「元ネタ」を探して「裏を取る」は大事。関係者じゃなくても。耳に入ってきたところで調べれば Web にそれらしい情報はあります。それを吟味すればよいだけですよね。

　本題ですが、SNS に出てきたものそのまま拡散なんて、今頃のエンジニアはするわけないよね？ **SD**

● 今日のコマンド

```
fsck
```

今日のコマンドは fsck です。fsck はファイルシステムをチェックするコマンドです。ファイルシステムをチェックしても噂の真偽などわかりませんし、本当の情報にたどり着けるわけではありません。でもファイルシステムが壊れているかはわかります。まず、手元の情報が壊れていないかをチェックし、自分の考えを落ち着いて修正、真実を見つめるようにしましょう。fsck は、時間を作って落ち着く道具です（うそ）。

to be Continued ....

　不安に満ち溢れているからか、平和すぎて暇なのか、「陰謀論」はいたるところで発生します。最近は感染症ワクチンや、政府要人暗殺などにも「陰謀論」が出ています。陰謀論は状況がよく見えなかったり、ちょっとした「疑問点」が「陰謀論」に昇華することが多いようです。OSS ではソースコードも、議論もメーリングリストや掲示板など開かれているものですが、一部プロジェクトで方針が変わるとベンダーや開発者の勤務先が、と疑問が出てきます。疑問が「陰謀論」になると時間も消費し、精神的にも疲弊して良い方向に進みません。「陰謀論」になる前にしっかり議論できると良いですね。実は、この漫画はイルミナティ幹部と名乗る人から半年に 1 回ネタが送られ、著者がマンガに……おっと誰か来たようだ。

現地へゴー

データセンターがオンプレだと若い人もいる印象です。オフィスにオンプレ環境があるとスタッフが高齢化している印象があります。私の見てきたところなので全体的な話ではありませんが……。システムはと言うと、データセンタでもオフィスでも、比較的放置しっぱなしなシステムはありますよね。一方クラウドは……もう 20 年すれば「あのインスタンスは 25 年前から動いているから誰も触れない」とか出てくるでしょうか？ **SD**

● 今日のコマンド

```
lilo
```

今日のコマンドは、lilo です。作中に出てきた Debian Potato は Debian GNU/Linux 2.2 です。2002 年のリリースです。今は Grub2 が主流のブートローダですが、当時は lilo でした。ええ、ただ昔話をしただけです。

to be Continued

やっちゃうんですよね〜、引っ越しの前日のぎっくり腰。やっちゃうんですよね〜、データセンターでのサーバラッキングのためにサーバ出荷するときにぎっくり腰。あと、現地で箱からサーバを取り出すときにぎっくり腰ね。ぎっくり腰はオッサンだけの専売特許ではございません。若い人も油断してるとなりますから気をつけましょう。ぎっくり腰対策はあります。うっかり腰を下ろさずに重いものを持ち上げようとすると腰に負担がかかります。ちゃんと膝を曲げて腰を下ろして、背中と腰を含めた体全体で持ち上げるようにするとぎっくり腰は防げます。重いものを持ち上げるのって、体全体を使うことが大事なんですよ。おっと、これは Linux の記事でしたね……。Debian GNU/Linux の Potato は 2000 年の OS です。

オヤツ駆動解決

　3コマ目と9コマ目は団子とどら焼きを認識してもらえるか、という私の画力限界チャレンジのコマです。いかがでしょう？別の作品でも「二郎系ラーメン」だけ超リアルに描いてみるという画力限界チャレンジをしてみました。まぁこの程度の画力ですよ。

　本題ですが、トラブルや修羅場はついつい食べてしまいます。時間がないのでランニングにも行けないので太るかと思うと……意外と太らないんですよね。ストレスって怖いね。**SD**

● 今日のコマンド

```
dracut
```

今日のコマンドは dracut です。Red Hat 系ディストリビューションで initramfs を作成するコマンドとして使われています。長い事 Debian 系ばかり使ってせいで Red Hat 系でもうっかり mkinitramfs しちゃったりしますよね。しませんか……そうですか。

USB 紛失対策

没ネタ復活！[その4]

酔拳

　どこかの OSS コミュニティにいらっしゃったのですが、常にお酒が入ってました。でもコードもメールも普通。本当に呑んでるの？……という方。コーディング合宿でもその人だけ一升瓶抱えていたという伝説を聞いたこともあります。呑んでてもすごい人っているんですね。

　本題ですが、このマンガの 13 コマ目は管巻いているようにしてます。5、7、9、11 コマと同じ話を回してるのにお気づきでしょうか。酔っ払いのネタなんでね！（何を威張ってるの？）**SD**

● 今日のおススメ映画

> 酔拳

今回のおススメ映画は『酔拳』です。ジャッキーカッコよいですよ。

to be Continued ••

　「酔えば酔うほど強くなる」というキャッチコピーでオナジミ、ジャッキー・チェン主演の映画『ドランク モンキー 酔拳』という映画があります。筆者はこの映画が大好きで、放送があるたびに録画して観ています。円盤を買うほどでの「好き」ではないんですが。酒の力を借りて、酒の席だったので、飲み過ぎて覚えてないのですが……と酒に頼る、小さなことは許される風潮があります。本当によくないですよね。酔っている人の発言には信用できないラベルを貼る AI とかできないかなーって期待してます。ジャッキー・チェン自身も「酔った状態で戦えるはずがない」という発言をしていることも覚えておきましょう。あー、ペン入れ終わって呑んでるので出典はどこだったか忘れましたが。[注意：飲酒の可能性（by 酒検知 AI）]

AI テキスト自動生成

第9章
魑魅魍魎 2022年

生成 AI について「すごい」ぐらいの「小学生並みの感想」しか出ない今日この頃。問い合わせチャットで収まらず、社内文書を学習させて「自動社内問い合わせツール」とか、man を全部読ませて「AI whatis」とか……みんなの AI 利用も「すごい」しかでない。いや、AI の有効利用方法が思いつかない凡人以下の人間なので小学生ぐらいの感想しか出ませんわ。異なる AI を向かわせて漫才とかしたらおもしろくなるんだろうか。異なる AI を向かわせて「しりとり」したらどっちが勝つんだろうか。……実にくだらん！（笑）

本題ですが、このテキストも実は AI に生成させてます（うそ）。**SD**

● 今日のコマンド

```
whatis
```

今日のコマンドは whatis です。知りたいことを引数に渡すとコマンドのマニュアル一覧を表示してくれます。意外と使えるんですよ。

◁ *to be Continued* ⋯⋯⋯⋯⋯⋯⋯⋯⋯⋯⋯⋯⋯⋯⋯⋯⋯⋯⋯⋯⋯⋯⋯⋯⋯⋯⋯⋯⋯⋯⋯⋯⋯⋯⋯

　最近の AI の盛り上がりがすごいですね。AI に絵を描かせてみたらクオリティ高すぎて各方面で話題に上がったのも記憶に新しいところです。テキスト自動生成の AI サービスにプログラムを書かせたら一見良さ気なのが出てきたり、Teraform ファイル書かせたら実行方法をコメントで添えてくれたりします。某 Chat AI アプリで試しに「XX ちゃんへのラブレター書いて」ってお願いしたら「私は AI だから特定の人へのラブレターは書けない。ちゃんとお前の思いをしたためろ」と怒られました。AI なのに配慮もできてホントすごい。AI による生成物の著作権はどうなのかとか課題はありそうですが、商用フリーなサービスがあったら……マンガの背景を自動生成して貼っちゃいますね（このマンガに背景あった？）。

247　Software Design Plus

特別挿絵 **IT エンジニアの日常④**

第 **10** 章

2023 年

疾風怒涛

パッケージ管理

オープンソースソフトウェアって、なぜか無償で作りたい人が作ったソフトウェアって認識でいる人がいます。今も結構そうです。ソフトウェアがあるなら使えばいいじゃん、って流れなら良いですが、作ったなら責任取れという話に持っていかれるのは違う話です。「オープンソースソフトウェア」という単語ができる前から、現在までこういう人は老若男女どの世代にもいるなぁとこの頃思います。「OSSでそういうソフトウェアがあるなら使いましょうよ。サポート？　買えばいいじゃないですか」というわかってるんだかわかってないんだかと言う発言をこの数年見ています。たぶん「OSS」というジャンルと言うか、ベンダーが出しているソフトウェアのような認識なんだと思います。「OSS」は文化だと思ってます。人類の進化のために必要な1つの過程だと思ってます。これを今後も有効活用するかは開発者はもとより、利用者、提供者の理解かと。

本題ですが、LinuxカーネルやApacheなどのツールの歴史も参考に、今後もいい方向に進むといいなぁと思ってます。**SD**

● 今日のコマンド

```
alien
```

今日の便利コマンドは alien です。rpm から deb、deb から rpm への変換とか楽ですよ。ネタに出てきたコマンドだから扱っただけです。若い人も積極的に OSS に理解・参加をしてほしいと動かないとだなぁと思ってます。

to be Continued

rpm や deb などのパッケージ管理システムは、Linux ディストリビューションの分類に利用されるほどの「特徴」になります。パッケージ管理システムはバイナリファイルや設定ファイルをシステムにインストールする、削除やアップデートなどの管理を容易に行えるだけではなく、パッケージのバイナリファイルが依存するライブラリや外部ツールなど、いわゆる「依存関係」があるパッケージも解決します。ファイルの改竄チェックや、アップデート時の設定ファイル更新や差分出力もできて、本当に便利ですよね。Linux ディストリビューションは（企業が関わっているモノもありますが）基本的にコミュニティが作ってます。便利なパッケージが入っているのはこれらのメンテナのおかげだということを忘れちゃダメだぞ！

第10章

疾風怒涛 2023年

選択

「ウ〇コ味のカレーか、カレー味のウ〇コか選んで」という「究極の選択」ってのがありました。この「遊び」っていつからあるんだろう。著者は1976年生まれですが、1990年の中学生のころにはあったような気がします。普通「カレー味のウ〇コ」は選ばないし、ウ〇コ味は一般人は知らないので知らないふりしてカレー食べれば問題ないのでは。言われたら食べないんですけど（元も子もない）。

　本題ですが、決断しなければいけないタイミングは別にCTOやCEOだけに限りません。現場の捜査官も実施しないといけないことがあります。人の命がかかってるか否かを最初に選択肢てその後は適当にやろう、がベストプラクティスかと思います。知らんけど。**SD**

● 今日のコマンド

```
cat /dev/urando
```

本日のコマンドは cat /dev/urandom です。先頭数文字を使って適当に選びましょう。
なんとかなるさ！

◁ *to be Continued* ⋯⋯⋯⋯⋯⋯⋯⋯⋯⋯⋯⋯⋯⋯⋯⋯⋯⋯⋯⋯⋯⋯⋯⋯⋯⋯⋯⋯⋯⋯⋯

　どうでもいいことを友達と悩む「究極の選択」って流行りましたよね。人生には選択するタイミングが多々あります。どちらのアルゴリズムを採用するか。転職するか、しないか。右に避けるか、左に避けるか。日常生活や、業務で大なり小なり選択することがありますが、結果が大きくなって「あんな選択で……」と後悔することもあります。結果がひどかった「選択」を一度経験すると、選択をすごく悩むようになるという症例もあるそうです。著者は、選択することをほかのモノに任せるというのを子供のころからやってました。おみくじ、サイコロや六角鉛筆、コイントス、右手と左手でじゃんけんとか。「どっちも悪くも良くもない」ような「究極の選択」に「マイ・チョイス」をひとつ持っておくのはおススメですよ。

253　Software Design Plus

第112回 童話

2023年6月号

（注）煽りコピーがまだ初々しいですね。

第10章

疾風怒涛 2023年

童話

　私の子供はテレビを Youtube 再生機として利用しており、学校から帰ってくるとテレビをつけて動画を見ています。地上波も見ますが、録画がほとんどです。録画と言うことは、気になるから録画しているわけで、勝手に目や耳に入って来るのとは違います。Youtube 動画も同じですね。この「童話」ネタを考えた時に気になってたんですよね。最近の子は童話を知ってるのだろうか。

　「犬も猿も来たんですよ」

　「あとキジが来たら桃太郎軍団の完成やん！」

　みたいな、かけあいって通じるんでしょうか。

　「もう泥船に乗った気持ちでご安心ください」

　「ワシはイタズラっ子のタヌキか！」

　みたいな、掛け合いも通じるんでしょうか？

　本題ですが、童話は「道徳」なので世の親の人は子供にちゃんと読み聞かせしましょう。**SD**

● 今日のコマンド

```
tailf
```

今日のコマンドは、tailf です。Red Hat 系では tail -f が tailf にエイリアスされていることがあります。便利なので有効利用しましょう。

◁ **to be Continued** ....

　動画を 1.5 倍とか 2 倍速で視聴する人が増えてるそうです。2 倍速にしても聞き取れるし時短になるし……。筆者も倍速再生派ではあります。動画よりも録画したテレビ番組視聴の倍速が捗りますね〜。時短を求めてしまう昨今、みなさんもいろんなものを短く処理しようとしちゃっています。「1 時間でわかる K8s」みたいな煽り気味なメディアや Web コンテンツもウケますよね。時短にこだわり過ぎて本当にすばらしいことを見落としてないか心配になります。IT に限らず、最近は子供向けの童話も時短気味になっています。桃太郎・一寸法師・かぐや姫・カチカチ山など有名童話が集まった小学生向け書籍を見つけましたが、各話大きな文字で 6 ページで終了してました。童話ぐらいはゆっくり読める余裕を持ちたいですね。

第113回 **キング

たまにはハイキングにでも行きたいング(注)。

2023年7月号

（注）ネットミーム的な煽りとしては「ンゴ」だよな。

第10章

疾風怒涛 2023年

** キング

結局「だじゃれ」でねじ込んだネタの回です。——とはいえ、とりあえず「いんぐ」を語尾につけて「動名詞」っぽくなるのすごくおもしろいと思います。「日本語の進化の瞬間」だと思ってます。よく聞く例では、「そげキング（狙撃）」、「きずキング（気付き）」、「すキング（好き）」、「すてキング（すてき）」……あれ？　動名詞か？

本題ですが、小さいことも楽しみに思えば人生また楽しいものです。ストリーキングは日本では犯罪になるかもしれないのでやめておきましょう。**SD**

● 今日のコマンド

```
ping
```

今日のコマンドは ping です。「ls /bin/*ing」で出てきたからここで扱いましたが、キングじゃないし、読み方は「ぴん」の人もいるし……下手こいたーっ。

to be Continued ....

　人生、ちょっとしたことで悩むことは多いですね。（脳筋な筆者は）悩んでてもランニングしてみたりリサイクリングしてみたり泳いでみたりすると「なんであんなことで悩んでたんだ」って片付くこと多々あります。サーバメンテだと CUI になっちゃうかもですが、普段の作業でいつも GUI でやってることをあえて CUI でやってみる、または逆をやってみるっていうのは脳の刺激になると思います。最近、筆者は職場環境の変化で Windows をしぶしぶ操作しているのですが、PowerShell が意外とおもしろいんですよね。今まで bash ですが PowerShell、対象は Windows にしてもいい。GUI じゃなくて CUI で対面できるなら Windows もおもしろいなと思います。理不尽に思うことは多々ありますが。要は楽しく仕事しましょう、ってことですね。

コマンド名が長い

第10章 疾風怒涛 2023年

　lsコマンドもlistってコマンド名だったらわかりやすいのに──って思いました。通信環境の貧弱な1970年代は4文字送信するよりも2文字のほうが効率良いし、打つキーも半分になるので楽ですよね。私は28.8のモデムが初めての最終端装置だったのでそれほどでもないですが（いや、死ぬほどもだえ苦しんでたやん）、lsコマンドに「-l」オプション付けてしまったがために自販機にドリンクを買いに行く人もいたんだと思います。それほど入力効率を考えたコマンドですが、最近のLinuxコマンドってやっぱりながいですよ。systemd関連とかが顕著ですよね。timedatectlとか文字数多すぎだよ！っていつも思います。

　本題ですが、tdc（timedatectl）はやっぱり面倒なんだけど、timectlでよかったんじゃないの？──と思う。**SD**

● 今日のコマンド

```
timedatectl
```

今日のコマンドは timedatectl ですわ。

to be Continued ・・

　古き良きUNIXの時代をリアルタイムで生きてはいませんが、lsやchmodなどのコマンド名は慣れより、当時のレスポンス速度を考慮した「命令を効率的に指示する技術」と認識して親しんでます。systemdが台頭した2010年ぐらいからコマンド名長くないか？と思います。もはや「このコマンド名って何の略？」「このコマンドはどう読むの？」という時代ではない、と思いました。コマンド名は略語が多いのですが、筆者は最近の略語についていけません。数日前、「この画面は"ばつとじ"ですか？」と言われ、「ウィンドウを閉じるのにそう言うんだ」と思いました。後日「ばつとじ」で検索したら1件も出ません。「あいつ、マイワードを押しつけやがったな！」と微妙な気持ちに。年長者だからといって即流行っていると思うのは危険ですね。

第115回 簡単詐欺

2023年9月号

(注) 締め切りは、IT業界でも大事だけど、その重さは出版業界よりも厳しいと思います。システムのカットオーバーはいつか？——なんてクライアントから詰められた日には胃痛が。

第10章
疾風怒濤　2023年

簡単詐欺

　おーっと、こいつハードルを自分で上げてきたぞ。芸人が出てくる番組で
たまに聞こえるセリフですね。芸人は自分の位置をわかっているはずなので、
ネタとしてハードルを上げ下げします。これもテクニックです。一般人な
ITエンジニアは、自分が研修や業務などで自然とハードルというか、レベ
ルが上がっていることを忘れていることがあります。このため、新しく入っ
てきたチームメイトに「これぐらいは簡単だからできるでしょ」と仕事をお
願いすることになります。自分の得た技術をちょっと振り返ってみればその
苦労をわかるはずです。わからないのは天才だけのはずですから。その振
り返りを忘れてしまうと「簡単詐欺師」のできあがり。

　本題ですが、最悪なのは難しいとわかってて「簡単だ」と押し付けること
ですよ。 **SD**

● 今日のコマンド

```
easy-rsa
```

今日のコマンドは easy-rsa です。「簡単」と思って連想ゲームし
てたら openvpn に含まれる easy-rsa という自己署名証明書を作
るコマンドを思い出しただけです。

> **to be Continued** ....
>
> 　「簡単だからやっておいて」とカジュアルに依頼されることがあります。受ける側は、「簡単」と
> 言われると「できない」と言いにくい雰囲気になります。依頼する側も作業内容をよくわかってな
> くて仕事を振ってるだけの場合は、未来予想図は地獄絵図ですね。依頼者が忙しそうだから、と気
> を遣わず、受け手がちゃんと受け止められる内容なのか確認するのが大事です。依頼者も、同僚・
> 後輩・部下であっても、ちゃんと説明を含めた依頼をすることを心掛けねばなりません。「できない」
> と言われたら、ちゃんとフォロー・バックアップして育てていきましょう。仕事を振ったままの放
> 置は、人間関係もチームの雰囲気にも良くないし、各員のストレスにしかなりません。まさか……
> 「簡単詐欺」、してないよね？

アイドル

アニメ『推しの子』とそのオープニングソングで YOASOBI の『アイドル』が世の中を騒がせておりました。そう、2023 年のことであります。私の子供（小学生）も例外ではなく、なかなか大人な内容のアニメのオープニングソングを喜々として歌っていたのは、内容はあまり見てなくても流行には乗るんだなーっておもしろく見ていました。その『推しの子』を読んでネタにしたのがこの作品。本題ですが、OSS のアイドルって実際数人見ていますが、後継者に恵まれていないような気がします。最近 OSC に行ってないから知らないだけかな……？ **SD**

● 今日のシステムコール

```
idle
```

今日のコマンドは idle って思ったけど、これはシステムコールだったか……。てへっ。

to be Continued

最近は「推し」というワードが市民権を得てる気がします。対象を応援していくことを「推し」と表現することが一般的になってきました。IT 業界であれば、推しのプログラミング言語、推しのライブラリ、推しのメソッド、推しの IT 雑誌など。「推し」は、もともとアイドルを応援する意味で使われていましたが、もっと広く「お気に入り」程度の対象にも使える便利なワードですね。この使いやすいワード「推し」の広まりを機に、ぜひ実践を検討してほしいのが「自分推し」です。自分以外を「推す」のも良いですが、自分も推してみましょう。日々の活動、ちょっとした親切や努力や成果をしっかり褒めて自分の中で自分をプラスのスパイラルに押し上げる。アイドルにはできない「推し」、大事ですよ。

2023年11月号

（注）X（元 Twitter）を眺めていると、大手 IT ベンダーのエンジニアさんたちがダジャレ合戦しているの観測しています。IT 業界に蔓延している病気なのかもしれません。

なぞなぞ

　「なぞなぞ」をテーマにネタを書こうと思った作品。最初からこの流れは決めてたのですが、途中の「なぞなぞ」が全然思いつかない。ネタはできてるのに「なぞなぞ」が出ない！──いつもと違う「生みの苦しみ」を感じました。

　本題ですが、近所の駅に美容院の看板があったのですが「cat　XXXX円」って書いてあって、「cat 実行するのに XXXX 円は高いな……」って思ったのは……あれ？　何言ってんだ？ **SD**

● 今日のコマンド

```
cat
```

今日のコマンドは cat 以外にないでしょう。何度も出していますが、cat 便利ですよ。ls の次に使う頻度が高いと思ってます。

to be Continued ....

　筆者の多々関わる業務として、試験問題の作成があります。ベンダー試験として試験問題を作ったり、書籍のコンテンツとして確認問題を作ったり、新人研修の修了問題を作ったり。このような試験は出題範囲が決まるため、問題を作るのは容易です。しかし、問題の作り方に結構性格が出るようです。選択肢の中から正しいものを選ばせるか、誤ってるものを選ばせるか。筆者的には楽な「誤ってるものを選ばせる問題」ばかりを作ってたら、査読の方に「偏り過ぎです」とご指摘を受けました。俯瞰したら確かに偏っているように見えてくるのですが、それを修正するのが本当に難儀で……大変でした。試験問題を作ってる人も結構大変だということ、覚えておいてください。今回は、「なぞなぞ」を作るのが大変でした。

大丈夫

　あいまいな受け止め方が可能な「大丈夫」という言葉ですが、みなさんも使ってるでしょう。

　これほど知らないうちに浸透してた「適当な言葉」はないんじゃないかと思っています。

　「適当」が「適切な程度で」と「何も考えずにおもいついた程度で」と同じように使えてるようにね。私もいい歳で、子供も中学生になると、現代を生きているムスメの使う言葉が気になるのです。「大丈夫」も当然そのことばになりまして、「その"大丈夫"はどういうニュアンスなの？」と確認しちゃいます。「ニュアンス」を使うところがせめての「大人」の威厳です。

　本題ですが、「大丈夫」で済ますのは悪です。ま、みなさんはわかってるか。**SD**

● 今日のコマンド

```
ping
```

今日のコマンドは ping です。イマドキの応答速度って 200ms だと遅いよね？——って思ったから。

to be Continued ....

　万能の言葉「大丈夫」。みなさんも使っているでしょう。大丈夫、筆者も使います！　さて、安心できるさま・確かなさまを表す「大丈夫」ですが、最近は「割り箸は大丈夫ですか？」といったように、要／不要の問いや、「推しても大丈夫ですか？」のような可／不可の意味などで利用されることもあります。人によっては「割り箸は（付けて）大丈夫ですか？」と「割り箸は（付けなくて）大丈夫ですか？」のどちらにもとれる少々わかりにくい使い方をする方もチラホラ。レジ前のような前後の会話のないとこで言われても行間読めませんよね。物事の確認などではわかりやすい「大丈夫」を心掛けたいですね。個人的には、どうでもいい会話の「大丈夫」は全然気にしませんが、仕事での「大丈夫」は注意しています。燃えるから……。

第119回 初笑い

2024年1月号

初笑い

　前からやりたかった漫才ネタ。もともと漫才ネタのような1ページマンガですが、どうやったら「あ、これ漫才だ」って思ってもらえて展開できるかを考えていたのですよね。そして思い至ったのはお約束な「じゃぁ、わたしXXやるからあなたYYやってください」という振り。当たり前のように素通りさせてて気が付きませんでした。考えてたら1ページ×2になってました。

　本題ですが、HUBへのループ接続は今では実際にやっても防御機能があります。遠慮なくループ接続してイタズラしちゃいましょう！（こらっ。**SD**

- ● 今日のコマンド

```
free
```

今日のコマンドは free です。システムコールの free(3) をしたつもりで free すると利用可能メモリの表示になります。まぁ、コマンドプロンプトにシステムコールはあまり入力しませんよね。

F ワード

　最終回はどうしようかなと思い悩んでいました。2 代目編集氏からもアドバイスをいただいていましたが、私は「いつもどおりで終わらすのがイイ」と結論付けてしまいました。「また再会するつもりか」とか「アニメ化？」とか「Web メディア化？」とかではなく、よこしまなことはまったく考えずに「いつもとおりだったけど最終回だったの？」というのが「よい」と思ったのです。なので「F ワード」という「Finish」を匂わすテーマ。最後のコマでは「Fin なんでも　コーポレーション」という「Fin」で「終わり」をやってみるなど小細工をしてみます。おもしろかったように思います（自画自賛）。

　本題ですが、f がドキュメントに使えないってマジで無理じゃね？ **SD**

● 今日のシステムコール

```
for
```

今日のコマンドは for です（シェル内部コマンド）。for を使わないで while で回すとかちょっと面倒すぎだな……。

ひみつのLinux通信　*274*

くつなくんへ

　本書の著者であるくつなりょうすけ（沓名亮典）さんは、長らく同じ会社（株式会社ネットワーク応用通信研究所）で働いていました。勤務地が異なる（東京と松江）ので、それほど頻繁に会いませんでしたが、たまに東京支社に出社すると話し込んだりする間柄でした。その彼の漫画が書籍化ですって。

　仕事をしながら原稿を書くのは本当に大変です。そんな中で技術書執筆や、漫画の連載を達成した沓名くんのことをとても尊敬してます。中身もすごく共感できるし。

まつもとゆきひろ

おわりに

　なるべく時事ネタを扱わないように努めた10年の連載ですが、それでも時の流れは容赦ありません。

　マンガに出たいくつかのネタはすでに現在にふさわしくない状態にあります。2010年までは、まだPCサーバにCDドライブが装備されているのが一般的でした。それが今は標準ではついていません。CD-Rすら使わない状態です。

　いつでも読み継がれる作品に、と思ってましたが難しいことでした。

　ですが、このマンガを10年連載したことに後悔はしていません。

　時流に合わないことがあったかもしれませんが、楽しみました。

　私はとっても楽しくこのマンガを描いていましたが、読者の皆さんも楽しんでいただけたでしょうか？　楽しんでくれたなら良いです。よかったよかった。

　最後に、この場をお借りし、連載にお声がけいただけた池本公平氏、担当していただけた吉岡さん、栗木さん、連載のサポートしてくれた妻と2人のムスメに感謝します。あなたたちのおかげで私は自由にいろいろ絞りだせました。

　また、10年の連載の前から私の心の拠りどころであった御徒町の焼き鳥屋「鳥陣」のマスター大井正邦氏に感謝します。この焼き鳥屋でいろいろネタを作れました。

2024年10月
くつなりょうすけ

著者プロフィール

くつなりょうすけ（沓名亮典）

1976年愛知県生まれ。愛知にある私立大学を卒業後、東京のJava & LinuxのSI屋に就職。Linuxを中心としたSI業務にかかわる。2002年、ネットワーク応用通信研究所に移籍、OSSを含めたSI業務にかかわる。2021年、サーバーワークスに移籍、AWS専業のクラウドエンジニアとしてSI業務にかかわる。2児の父、ダイエット目的からランニング、トレイルランニング、トライアスロンも趣味として楽しむ。家族とトレーニング、仕事の両立に苦しむ日々。

■ 執筆書籍

［改訂第3版］Linuxコマンドポケットリファレンス、Linuxシステム［実践］入門、等

Staff

- 本文設計・組版　　BUCH⁺
- イラスト・漫画　　くつなりょうすけ
- 装丁　　　　　　　Rocket Bomb（養原圭介）
- 担当　　　　　　　池本公平
- Webページ　　　　https://gihyo.jp/book/2024/978-4-297-14569-9

※本書記載の情報の修正・訂正については当該Webページおよび著者のGitHubリポジトリで行います。

Software Design plus

ひみつの Linux 通信
UNIX コマンド実力養成

2024年11月23日　初版　第1刷発行

著　者	くつなりょうすけ
発行者	片岡巌
発行所	株式会社技術評論社
	東京都新宿区市谷左内町21-13
	電話　03-3513-6150　販売促進部
	電話　03-3513-6170　第5編集部（雑誌担当）
印刷／製本	日経印刷株式会社

定価はカバーに表示してあります。

本書の一部または全部を著作権法の定める範囲を越え、無断で複写、複製、転載、あるいはファイルに落とすことを禁じます。

ⓒ 2024　くつなりょうすけ

造本には細心の注意を払っておりますが、万一、乱丁（ページの乱れ）や落丁（ページの抜け）がございましたら、小社販売促進部まで送りください。送料負担にてお取替えいたします。

ISBN 978-4-297-14569-9　C3055
Printed in Japan

■ お問い合わせについて

- ご質問は、本書に記載されている内容に関するものに限定させていただきます。本書の内容と関係のない質問には一切お答えできませんので、あらかじめご了承ください。

- 電話でのご質問は一切受け付けておりません。FAXまたは書面にて下記までお送りください。また、ご質問の際には、書名と該当ページ、返信先を明記してくださいますようお願いいたします。

- お送りいただいた質問には、できる限り迅速に回答できるよう努力しておりますが、お答えするまでに時間がかかる場合がございます。また、回答の期日を指定いただいた場合でも、ご希望にお応えできるとは限りませんので、あらかじめご了承ください。

■ 問い合せ先

〒 162-0846
東京都新宿区市谷左内町21-13
株式会社技術評論社
第5編集部
「ひみつのLinux通信」係
FAX　03-3513-6179